大国之翼

C919 大型客机研制团队采访报告

陈伟宁 欧阳亮 周森浩 著

上海科学技术出版社
SHANGHAI SCIENTIFIC
& TECHNICAL PUBLISHERS

图书在版篇目（CIP）数据

大国之翼：C919大型客机研制团队采访报告 / 陈伟宁,欧阳亮,周森浩著. —上海：上海科学技术出版社，2018.1
ISBN 978-7-5478-3877-8

Ⅰ. ①大… Ⅱ. ①大… Ⅲ. ①通讯-作品集-中国-当代 Ⅳ. ① I253

中国版本图书馆 CIP 数据核字（2017）第 318497 号

出版策划　王　刚　毛文涛
出版统筹　毛小曼
责任编辑　包惠芳
整体设计　陈宇思
摄　　影　万　全　王脊梁　方　淳　余　创
　　　　　陈　肖　陈宇辉　钮健池　徐炳南

大国之翼
C919 大型客机研制团队采访报告

陈伟宁　欧阳亮　周森浩　著

上海世纪出版（集团）有限公司
上海科学技术出版社　出版、发行
（上海钦州南路 71 号　邮政编码 200235　www.sstp.cn）

苏州望电印刷有限公司印刷
开本：787×1092　1/16　印张 17
字数：250 千字
2018 年 1 月第 1 版　2018 年 1 月第 1 次印刷
ISBN 978-7-5478-3877-8/I·1
定价：99 元

本书如有缺页、错装或坏损等严重质量问题,请向承印厂联系调换

写在前面

2017 年 5 月 5 日，中国自主研制的喷气式大型客机 C919 在上海浦东机场首飞成功，79 分钟的飞行表现惊艳世界。

让中国的大飞机翱翔蓝天，这是中华民族的百年梦想。研制和发展大型客机，是建设创新型国家、提高我国自主创新能力和增强国家核心竞争力的重大战略举措。2014 年 5 月 23 日，习近平总书记在视察中国商飞公司时指出，我们要做一个强国，就一定要把装备制造业搞上去，把大飞机搞上去，起带动作用、标志性作用。

作为建设创新型强国的一项标志性工程，C919 大型客机洋溢着新时代的气质：开放、包容、创新和自信。C919 大型客机的整体设计由中国自主实现，这是项目的顶层规划和关键技术，昭示着中国民机产业的巨大飞跃。作为一款商用飞机，C919 大型客机项目不仅要追求技术成功，更要追求在全球市场的商业成功。因此，在产业链极长、合作程度极高的民机行业，它既要顺应全球供应链配置的趋势，也需筑牢自主创新的核心竞争力。

C919 大型客机首飞的辉煌已定格为历史，今后适航取证的任务依然艰巨。但有一点毫无疑问：映照着几代航空人近半个世纪的接续奋斗，凝聚着 22 个省市、200 多家企业、近 20 万人的共同托举，这一"大国重器"必将成为建设创新型国家和制造强国的标志性工程。正因此，C919 绝不仅仅是一个标签，它让人认识到"大国重器"更加丰厚的内涵：通过大飞机等多维度战略发展平台，中国创造已经在跟全球顶尖创新体系对标。

"创新是一个民族进步的灵魂，是一个国家兴旺发达的不竭动力，也是中华民族最深沉的民族禀赋。"近年来，中国的科技创新更加具有全球视野，主动融入国际竞争与合作的潮流，在不少领域已经和领跑者并肩而行。从实验室中生命科学研究的新进展，到量子保密通信和量子计算机研究领域的新突破；从

FAST"观天巨眼"搜寻百亿光年外的宇宙信号,到"蛟龙号"探索深海奥秘,中国科学家的身影更加频繁地闪现在世界科技前沿阵营。在日常生活中,中国科技公司的人工智能、大数据等互联网技术和应用产品,也逐渐超越了学习模仿阶段,正在向外输出自己的创新能力。

一位外国观察家曾说:"如果中国能够在航空领域真正成功,那它基本上可说会无所不成。"这一判断,可谓对近期中国科技进步的生动注解。大飞机飞上蓝天、天舟发出首单"太空快递"、首艘国产航母下水、光量子计算机问世……当自主创新的进度条一次次被刷新,中国人的民族自信心也一次次被点燃。展望未来,激荡着的中国信心,也必将助推中国科技翻越一道又一道雄关。

九层之台,始于垒土。美好的梦想,终究要靠脚踏实地的奋斗才能实现。奋斗是奋斗者永远的座右铭。对于心怀梦想的奋斗者来说,汗水比泪水更有营养,站着比坐着更有力量。梦想之路上,我们必然会遭遇困难和坎坷,必然会经历挫折和失败,但梦想总会如旭日之升。我们也许曾经迷茫,但希望总会如皓月之恒。只要坚持,没有一滴汗水会白流,没有一次经历会白费,没有一声叹息会不留下回响。

为反映中国民机人摘取大型客机这朵"现代工业之花"的曲折历程和辉煌成就,C919大型客机首飞前后,我们采访了C919大型客机总师系统、首飞机组及一线研制人员代表,以亲历者的口述为基础,辅以大量珍贵的图片和视频,结集成本书,首次从设计、制造、试飞等多个维度,较为完整地再现C919大型客机的研制历程,彰显了新时代中国民机人"不驰于空想,不骛于虚声"的实干精神。

本书的采访工作,得到中国商飞公司党群工作部、设计研发中心、总装制造中心、试飞中心、新闻中心等有关单位和领导的大力支持,在此深表感谢。

由于时间仓促、水平有限,不足之处在所难免,敬请读者批评指正。

目 录

目录 / contents

行不止者，虽远必臻

访中国工程院院士
C919 大型客机总设计师　吴光辉

吴光辉

中国工程院院士

C919 大型客机总设计师

1960 年 2 月生，湖北武汉人，中国工程院院士。1982 年毕业于南京航空学院飞机设计专业，获工学学士学位。2008 年毕业于北京航空航天大学飞行器设计专业，获工学博士学位。曾经担任第一飞机设计研究院院长、党委副书记，ARJ21 型号总设计师、大型运输机研制现场总指挥。2008 年 3 月至今，任中国商用飞机有限责任公司副总经理、党委委员，C919 大型客机总设计师。

1903 年 12 月 17 日，美国莱特兄弟在北卡罗来纳州基蒂霍克的一处海滩上，驾驶简陋的"飞行者一号"完成人类历史上首次完全受控、依靠自身动力、机身比空气重、持续滞空不落地的飞行。飞行时间 12 秒，距离 36.5 米，莱特兄弟率先迈出了一小步。

此后，一代又一代飞机设计师志无休，行不止，用智慧、汗水和勇气浇灌着日益绚烂的"现代工业之花"，只为让飞机飞得更高、更快、更远、更安全。从这个意义上说，一部世界航空史也就是飞机设计师们上下求索、知难而进的历史。

C919 首飞成功后，总设计师吴光辉走进众多媒体和公众的视野。C919 首飞前后有哪些鲜为人知的故事？C919 是真正意义上的国产大飞机么？在研制过程中有哪些不为人知的故事？我们什么时候才能坐上自己的大飞机？这位常常面带笑容、和蔼可亲的长者，当年是如何走上航空之路的？他的经历，对那些矢志蓝天的年轻人有什么启发……一个风和日美的午后，终日忙忙碌碌的吴光辉终于有时间坐下来，和我们说了些关于 C919 和他自己的故事。

"首飞前夜，我睡着了"

2017 年 5 月 5 日 14 时，上海浦东机场，一架蓝绿涂装、尾翼上标有"C919"字样的大飞机在人们的注视下轻盈一跃，昂首飞上蓝天。顿时，现场沸腾了，掌声、欢呼

吴光辉（中）在试验现场听取工作人员汇报

声响彻云霄……

这是国产大型客机C919的首次试飞。这一天，中华民族期待了很久，很久。在C919腾空而起的那一刻，现场嘉宾中几位白发苍苍的老者不禁老泪纵横——为了这一天，他们等了太久，太久了。

在首飞现场，聚集了4 000多名中外嘉宾和相关工作人员。其中，有一位中等身材、体型微胖、身着草绿色指挥服的华发长者特别引人注目，他的一举一动受到现场媒体记者的特别关注。他，就是C919大型客机总设计师吴光辉。

15时19分，按照事先制定的飞行计划，C919分毫不差地降落在跑道上。几分钟后，舱门徐徐打开，首飞机组成员机长蔡俊、副驾驶吴鑫、观察员钱进以及试飞工程师马菲和张大伟鱼贯而出。这时，一向沉稳的吴光辉再也抑制不住激动的心情，他快步跑上舷梯，一口气来到舱门口，给了年轻帅气的蔡俊一个大

C919 大型客机首飞成功后吴光辉与试飞员热烈拥抱

大的熊抱！

首飞成功，非常完美。那一刻，长期累积的压力得到充分释放；那一刻，多年的默默付出终于得到了回报。

事实上，由于新飞机的各项系统功能尚不完善，首飞具有很多不确定因素，存在较大的风险。在世界航空史上，新飞机首飞失败，甚至发生意外事故的案例并非罕见。作为总设计师，吴光辉所承受的压力可想而知。

在这样一个重要时刻，他是怎么想的？能睡得着么？

对于上述问题，吴光辉的回答有些出人意料。

"首飞前一天，像往常一样，我忙到很晚。入睡前，我在脑海里把飞机状态和主要系统过了一遍，看看还有什么问题。实际上，很长一段时间以来，我基本上都是这样。C919首飞之前有很多试验要做，比如低速、中速、高速滑行试验，这些试验也都存在不同程度的风险，需要进行细致的准备。因此，每天睡觉之前，我都会针对第二天的试验想一想，过一遍，这已经成了一种习惯。"

"5月4日那天晚上，说实话，我并没有特别紧张的感觉，因为在此之前飞机经过了大量测试，该解决的问题都解决了。对于首飞成功，我们是有充分信心的。5月5日凌晨1点钟左右，我就睡着了。6点钟，我就起身赶往首飞现场去做准备工作了。"

"首飞没有彩排过"

C919成功首飞，在世界范围内引起广泛关注。

国际同行和C919供应商对首飞成功表示真诚的祝福。波音民用飞机集团总裁兼首席执行官Kevin McAllister向中国商飞公司发来贺电——"C919的成功首飞，是中国商飞的伟大成就，也是中国航空业发展的重大里程碑。我谨代表波音公司全体同仁向中国商飞的朋友们表示热烈祝贺！"

空中客车公司首席执行官兼民用飞机总裁Fabrice Brégier表示："这是中国乃至世界航空发展史上具有里程碑意义的重要成就。C919的成功首飞再次展现了中国商飞团队的努力、专注以及对航空的热爱。我们相信中国商飞将成为市场强有力的竞争者。"

世界各国媒体也从不同角度报道了首飞成功的新闻。

美国《纽约时报》指出："对于一个在40年前还是贫穷的发展中国家而言，C919的首次飞行象征着中国的工业实力，同时也体现了其主导新技术时代的梦想。"

英国路透社评论说："中国国产大飞机C919在上海开启了期待已久的处女航。这是北京提升在全球航空市场地位的重要一步。这款窄体飞机象征着中国跻身世界喷气式飞机市场的雄心。据估计，未来20年全球航空市场的交易额将达数万亿美元。中国东方航空公司是C919的首家用户。中国希望C919最终能与波音和空客的飞机形成竞争，在回报丰厚的窄体客机市场分得一杯羹。目前，世界范围内现役客机中超过50%是窄体客机。"

法国《世界报》对C919首飞的介绍更加注重细节——"中国以对驾驶舱

画面进行直播的这样一种不同寻常的透明方式庆祝其首架大飞机 C919 首飞，就连空客和波音都不曾做到如此透明。为了实现完美首飞，中国进行了多次测试，仅前期的滑行测试和在起飞跑道上的高速滑行测试就进行了 20 多次，但这一切是值得的。5 月 5 日，承载着民族新骄傲的 C919 腾空而起。经过一个多小时飞行，身穿橙色工作服的首飞机组成员受到英雄凯旋般的欢呼。"

谈到自己对 C919 首飞成功的感想，吴光辉面带笑容，语气淡定而从容——

"在首飞直播中，很多人都注意到这么一个细节：我们通过安装在驾驶舱内的摄像机，让全世界观众都可以看到驾驶舱内的实时画面。这种做法，其他制造商以前是没干过的，在世界上我们是首次。对此，美国 CNN 评论说，中国商飞率先提高了首飞直播的透明度标准。"

"大家都知道，首飞有风险。从主制造商的角度来说，对首飞进行现场直播，而且播出驾驶舱实时画面，这是要有一定勇气的。根据惯例，新机型首飞一般不直播驾驶舱实时画面。因为此时飞机的系统还不成熟，很多试验还没有做完，很可能在飞行过程中出现报警信息。我们敢这么做，是因为我们对飞机有充分的信心。从 C919 的首飞情况来看，在整个飞行过程中，驾驶舱内一切正常，没有发生一起故障报警，这说明飞机的状态很好，我们的自信是有充分根据的。"

C919 首飞成功后，机长蔡俊在接受媒体采访时，给首飞打了 99 分。对此，吴光辉笑着说："在我看来，C919 的首飞十分完美！不瞒你说，后来有一些朋友私下里问我：'C919 首飞这么顺利，你们是不是事先彩排过？晚上偷偷地飞过一次？'这当然是不可能的！C919 确确实实是在 5 月 5 日进行了首次飞行！其实，我们一开始也有些犹豫，要不要进行现场直播。毕竟是一架全新的飞机，运用了大量的新技术和新材料，系统之间的磨合也不够，风险还是比较大的。何况我们搞大飞机刚起步，经验也很欠缺。后来，随着各项地面试验的展开，飞机的状态越来越好，指挥部在综合各方面意见后，果断决策进行直播。现在看来，这个决定是正确的！"

"C919 绝对是中国制造"

C919 首飞成功后,在国人为拥有我们自己的大飞机而倍感振奋的同时,也有一些人有点疑惑:这架飞机用了不少外国供应商的产品,还能算是中国制造么? 我们真的拥有自主知识产权么?

作为总设计师,在这个问题上,吴光辉无疑最有发言权。对此,吴光辉表示,C919 是完全自研自产的,国产大飞机最突出的亮点在于体制机制创新和产品创新。就飞机本身而言,"从气动外形和机体结构方面来讲,C919 的每一条线、每一个面、每一个元素,都是我们自己的,每一个 'DNA'都是我们自己的。我们拥有完全自主知识产权。"

"你知道,C919 是一个全新的机型,作为主制造商,除了要进行大量的核心技术攻关外,首先要进行飞机总体的顶层设计。换个形象的说法,就是我们首先要"无中生有"地设计出一架飞机。只有你自己对飞机的总体情况把握清楚了,才能在这个总体框架下进一步考虑各个系统的功能,才能给出各个系统的技术参数,指挥系统供应商怎么干,要拿出什么样规格或性能的产品。如果主制造商自己对顶层设计也没弄明白,那供应商就更是两眼一抹黑了。正因为我们自己做了顶层设计,才敢拍着胸脯说,C919 是有完全自主知识产权的,是我们自己的大飞机,绝对是中国制造!"

对此,吴光辉有一个形象的说法——"对于这个问题,我常常打个比方。主制造商就像是一个高明的厨师,他决定食谱,决定要采购哪些原材料,如何搭配,如何烹饪。因此,这道菜的知识产权肯定是厨师的,而不是某个种菜的,或者是卖菜的。我们也是一样,飞机的原料有采购的,辅料也有采购的,但我们把它按照自己的思路做成一盘色香味俱全的'菜',知识产权当然属于我们的。实际上,主制造商-供应商模式,在现代民机制造业普遍得到采用。世界上主流

位于上海浦东祝桥的 C919 大型客机总装厂房

飞机制造商,像波音、空客、庞巴迪和巴航工业等,都借助主制造商-供应商模式,组织全球范围内最优质的资源进行生产,以确保飞机的竞争力。上面的四家全球顶级飞机制造商,也没有一家自己生产发动机,但你不能说波音飞机的知识产权不属于波音。这个道理对于 C919 也是一样的。虽然 C919 采用了一些外国供应商的产品,但飞机的知识产权毫无疑问是我们自己的!"

"值得一提的是,在 C919 的设计研制中有多项重大技术突破,比如超临界机翼的设计。飞机设计,气动先行,机头、机体的设计也关系到飞机阻力的大小,但机翼的设计在很大程度上决定了飞机的性能,是最为关键的。我们第一次自主设计超临界机翼,就达到了世界先进水平,得到了国际同行的认可。新材料的应用也是 C919 的一大亮点。C919 是第一次大范围采用铝锂合金的机型,我们为此经过了 10 年的探索,铝锂合金供应商是按照我们的要求改善了材料的特性,使之能够更好地适用于 C919 飞机。"

"我们现在回过头看,觉得很简单,C919就是那个样子。但在最初阶段,实际上没有人知道,我们必须要一步一步探索。在这个过程中,我们始终面临着技术、经济性、进度的三维决断，这是非常困难的。比如，如果我们一味追求技术的先进性，那么研发费用肯定要水涨船高，研制周期也要变长，最后可能并不划算。如何在这几个方面进行平衡，形成一个恰到好处的组合，对主制造商来说是最困难的，也是最大的考验。"

"不仅仅是一架飞机"

关于 C919 的一些基本性能数据，一些关心国产大飞机的公众，尤其是航空爱好者已经耳熟能详了。但是，我们研制大飞机为什么要从这样一种机型入手，为什么不是更大或者更小一些的飞机，一般人可能并不十分清楚。

在吴光辉看来，这是由 C919 的基本属性决定的。"民用飞机是一种高科技产品，但首先是一种商品，是要卖给航空公司投入航线运营的，是要能够赚钱的。所以，从这角度上看，一款民用飞机的成败，最终要由市场来决定。一些比较专业的航空爱好者知道，C919 与波音 737、空客 A320 系列基本上属于同一类型的飞机，在专业上，它们被称为'窄体单通道干线客机'。那么，我们为什么会选择这样的一种机型作为切入点呢？从世界范围来看，C919 这样的单通道干线客机的市场需求是最大的，在我国也是如此。从我们民航目前的机队来看，这一类型的飞机大约占 70%。根据国内外主要飞机制造商的预测，未来 20 年，中国将是全球最大的航空市场，需要 6 800 多架客机，价值 9 293 亿美元。其中，C919 这样的单通道客机需要 3 500 架左右。因此，C919 的市场潜力是很大的。"

其实，不管飞机的个头是大还是小，民用飞机的技术规范和安全标准基本上是一致的。上世纪 80 年代"运 10"项目结束后，中国又进行了多次尝试，但始终没有一款自己的大型客机。放眼当今世界，能够研制大型客机的只有美国、欧盟和俄罗斯等少数几个国家和地区，世界大型客机市场基本上为波音公司和空客公司所垄断,大型客机研制之难由此可见一斑。

对此,吴光辉的体会可能比任何人都更深。"大家都知道,大型客机研制是一项高端、复杂的系统工程,肯定很难,但究竟有多难,只有亲自干了才有体会。说一句毫不夸张的话,这些年来,我们每一天都遇到新的困难和挑战。民机产业本身就是一个高风险产业,研制一款新机型,不仅对中国商飞这样新的主制造商,就是对经验丰富的主制造商来说也是很大的挑战。我们研制 C919 基本上可以说是白手起家,没有什么研制经验,技术积累很薄弱,人才队伍严重断档,甚至连最起码的基础设施和试验设备也要从头干起。而我们研制飞机的标准只有一个,那就是国际标准,其他制造商也是这个标准。波音已经有 100 多年的历史,空客也快 50 年了,而中国商飞是 2008 年成立的,还不到 10 年。从这个意义上说,如果波音、空客是大学生,甚至是硕士研究生,那我们仅仅是小学生。但是,不管是大学生还是小学生,产品的标准却是一样的,其中的困难可想而知。经过几年的奋斗,我们取得了这样的成就,这是各方面大力支持、公司上下共同努力的结果,实属来之不易!"

"首飞成功,大家都看到了,这是一个显性的成就。实际上,C919 的价值远远不止是一架飞机。借助这个项目,我们国家初步构建了一个产业体系,为未来民机产业的发展打下了重要的基础。在研制 C919 的过程中,我国的基础学科、基础工业都有很大的进步。现在回过头去看,我们发展 C919 项目的时机真的很好。"

"举一个简单的例子,2009 年前后,我们开始选择国内外供应商。那个时候,金融危机的影响还很明显,航空业也很不景气,各国航空公司退了很多飞机订单,一些飞机制造商一年也卖不了几架飞机,很多供应商都没活干,急着找项目。这个时候进行供应商谈判,应该说在时机上对我们非常有利。当时,就有外国供应商和我说,你们真的是在一个最合适的时机启动了一个最合适的项目。"

"在项目招标的时候，世界上绝大部分一流的供应商都来了，他们之间的竞争很激烈，这种情况对我们是有利的。通过 C919 项目，我们把国外的供应商引进来，跟中国的本土企业进行合作，成立了 16 家合资企业。这方面的情况一般人并不了解。目前，C919 的一些系统，比如说航电系统，主要就是合资企业在国内研制和生产的。飞机驾驶舱里面的一些面板、仪表盘等，其实也是在国内生产的，有的是本土企业的产品，有些是合资企业的产品。"

"C919 项目启动以来，通过技术攻关，我们掌握了 5 大类、20 个专业、6 000 多项民用飞机技术，加快了新材料、现代制造等领域关键技术的突破，形成了地跨 22 个省市、近 20 万人参与、辐射全国面向全球的产业链。应该说，没有 C919 项目的拉动，我们的航空工业不可能发展得这么快。"

"实际上，不仅是航空工业，就是一般的基础工业或者是民用工业也能从 C919 项目中获益。从世界各国经验看，航空技术和其他工业技术的转化和影响是相互的，航空技术可以转化为普通民用技术，而一些普通民用技术也可以应用到航空领域。比如说 3D 打印技术，我们借助 C919 项目进行了研发，等到技术成熟后，3D 打印完全可以应用到其他领域。再比如复合材料，复合材料可以应用到汽车、高铁上，目前的一些新能源汽车就使用了一部分复合材料，在实现减重的同时保持原有的结构强度。此外，航空工业的一些加工工艺、方法，其他领域也可以借鉴。"

在吴光辉的眼中，研制 C919 的这些年，困难很多，挑战很多，但收获也很多：机型首飞、基础设施和试验设备日益完善、产业链初步形成……但在这些收获中，他最看重的却是人才的成长。

"研制过程很艰苦，收获也很多，但我感觉最大的收获是看到一支年轻队伍的成长，这也是我最高兴的地方。商飞是一家年轻的公司，35 岁以下的年轻人占了 75%。这支队伍在经验方面有所欠缺，但是有朝气，肯拼搏。在和一些国内外供应商交流的时候，他们都说商飞将来不得了。这一批年轻人后劲非常

吴光辉在监控室内关注 C919 大型客机滑行试验

足，尤其经过 ARJ21 和 C919 项目的锻炼。我自己也有切身感受，公司成立初期，我和年轻人谈工作，他就两眼看着你，你说什么就是什么。现在不是这样了，我跟他们谈工作的时候，有时候一个问题要讨论很长时间，有互动，甚至有分歧、有辩论，这说明他们成长了，有自己的分析，有主见了。"

"现在有的时候，我们在讨论中还会打个平手。实际上，并不是我说的都是最正确的，他们都有自己的专业，在自己的领域里研究很深，快速成长。对于一个产业来说，人才的积累是最关键的。事实上，公司成立以来，我们也不断给年轻人创造成长的机会。有的时候，哪怕要为此付一些学费，我们也都努力创造有利于年轻人成长的环境……"

对于中国航空工业的发展，吴光辉一口气说了很多。作为 C919 的总设计师，作为一位航空战线的老兵，他的目光和思考，绝不仅仅局限于 C919 这个项目，对于中国航空工业的未来，他看得很远，想得很多，很多。

"干我们这一行的，都有某种情怀"

作为一名地地道道的航空人，吴光辉是怎么走进这个行业的？对于这个自己干了一辈子的行业，如今有怎样的认知？C919 首飞后，在各方媒体的争相报道下，吴光辉的一些个人经历逐渐被世人所知晓。

谈到自己的经历，吴光辉的话语很朴实——"从很小的时候起，我就喜欢摆弄一些电子零件。上高中的时候，就自己组装了一台收音机。当时也没什么钱，就拿一块胶木板，钻个孔，打个铆钉，用一个变压器、一个整流器，调台则用一个空气电容，就是那种像刀片似的一组一组的，这东西现在可能都找不到了。组装成功以后，效果还不错，平时能听听新闻，还能帮助学外语。应该说，这个爱好对我最后走上航空之路还是有一定影响的。"

1977 年，全国恢复高考，吴光辉很幸运地在千军万马中闯过了独木桥。"那

研制大飞机是吴光辉一辈子的梦想

个时候和现在不一样，都是先录取后选专业。在我的印象中，那时是冬季招生，过完春节以后进校。当时，我还在农村，报志愿的那一天正好是元宵节，我记得很清楚。南京航空学院（南京航空航天大学的前身，以下简称南航）的专业那时都是保密的，专业介绍很少，我也不知道怎么选择。一开始，我自己偏向雷达、自动控制等和电子相关的专业，我的堂姐夫比我年龄稍微大一点，当时也在帮我出主意。商量了一会，我对他说，还是飞机设计这个专业好，这个专业毕业后将来能当总设计师。于是，我第一志愿就填了飞机设计专业，就这么一个过程。"这个简单而朴素的想法使吴光辉与航空结下了不解之缘，飞机设计事业也成为了他一生的追求和挚爱。

到南航入学报到的时候，吴光辉一个人从汉口坐船到了南京。回忆起当年的学习时光，吴光辉很有感慨地说："我刚进校的时候，学习基础不是特别好，在物理、化学、英语等课程上和其他同学相比差距还不是很大，但是高等数学明显感觉很吃力。"为了赶上其他同学，吴光辉比别人下了更多工夫。每次上完课，吴光辉就到自习室、图书馆看书，把课余时间几乎全用在复习和自学上。有时为演算一道高数题，他长时间沉浸其中，等大功告成后抬起头，突然发现整个教室只剩下自己一个人。

"当时，学校除了开设各种专业课程，还特别重视工程实践。"吴光辉回忆说，"大学二年级的时候，学校组织我们到国营峨嵋机械厂实习，我被分到飞机设计研究所学习锻炼。在那里，我和研究所里的技术人员一起钻研如何改进飞机结构、提高作战能力。有些看似深奥的问题在一次次的技术钻研和思想碰撞中逐渐变得清晰起来。所里老师傅们丰富的经验更让我受益匪浅。这种真实的工程环境对我后来的成长很有帮助！"

大学毕业后，吴光辉被分配到位于陕西阎良的 603 所工作。数十年后，回想起当初的一幕，他感觉自己很有些幸运。"毕业以后，我去的单位非常好。好在什么地方呢？一是有项目，有任务，这样年轻人就有学习和成长的机会。有的时候,对于年轻人来说,事情太少,担子太轻,并不是好事。另一个好处是我的单位在阎良,阎良被称为中国航空城,航空工业的底子比较好,但地方比较闭塞,交通不是很便利,这样在客观上有利于静下心来钻研业务。"

"那个时候,从阎良到西安,坐车还得 3 个小时。去一次西安,一大早走,晚上才能回来。我记得当时从西安到阎良的最后一班火车是晚上 6 点左右,汽车四五点就没有了。在很长一段时间,我们很少外出,最多就是过年回家乡看望父母。在我的印象中,除了春节的探亲假,我几乎没有休过年假。"

"说实话,当时也没有什么钱。每年工资能存几十元钱,春节回去一趟看望一下父母,一年攒下的钱基本上就没了。我觉得搞我们这一行的,都有一种航空情怀,一个航空报国的梦想。这可能是我们那个年代的人独有的,跟现在年轻人的想法不太一样。说到自豪感,我有一个很深的印象。我工作以后,看到一些图纸上面写着'秘密'两字,甚至有时候是'绝密',当时心里就想,我的天啊!我都能看到绝密文件了,顿时觉得自己一下子高尚了很多。这种职业荣誉感一般职业的人是很难体会的。"

在吴光辉的自述中,似乎没有什么惊天动地的大事,他就是这样一步一步、平平凡凡地走来。要说和普通人有什么不同,可能就在于他的人生方向始终很明确,前行的步伐始终很坚定。有的时候,细细想来,其实人生的成败得失也就在于简单的"坚持"二字。

"未来还有很多挑战"

C919 首飞成功后,一些热心的公众急切地想知道:国产大飞机什么时候能投入航线运营,我们什么时候能坐上自己的大飞机?

"首飞成功,我们只能说是松了一口气,还远远没到可以停下来休息的时候。下一步,C919 的主要工作就是进行适航取证。"吴光辉介绍说。"这项工

虽然未来还有很多挑战，但吴光辉坚定的眼神告诉我们，他对未来充满了信心

作要和适航当局一起来完成。民用飞机的研制有着非常严格的监管，一架飞机到底行不行，不是制造商自己或者某个部门说了就算的，而是要通过大量的试验和数据来证明。"

"取证试飞，有很多高风险科目，每往前走一步，都非常艰难。举个简单的例子，比如鸟撞试验。C919 首飞的速度是 200 海里／小时，但以后我们要飞到350 海里／小时，甚至更高。同样重的一只鸟向飞机撞过来，速度不一样，撞击的力也相差很大。"

"此外，还有结冰、失速、大侧风等高风险试验，飞机还要到高温、高寒、高原等不同的自然环境和气候条件下反复试验，只有经受住种种极端条件的考验，我们才能说飞机是安全的，才能放心地交付给航空公司。"

虽然前方依旧荆棘密布，困难重重，但吴光辉坚定的眼神和语气告诉我们：他对未来充满了信心，他将继续带领研制团队坚定地走下去……

祝愿 C919 早日成功！

文／**陈伟宁**

从 ARJ21、C919 到 CR929
我很幸运当了三款民机总师

访 C919 大型客机原常务副总设计师 陈迎春

陈迎春

C919 大型客机原常务副总设计师
CR929 中方总设计师

1961 年出生于江苏徐州。北京航空航天大学航空科学与工
程学院流体力学专业工学博士。1983 年在西安飞机设计研
究所总体气动室参加工作。历任西安飞机设计研究所副总设
计师，第一飞机设计研究院新型涡扇支线飞机项目型号副总
设计师，中国商飞公司 C919 大型客机副总设计师、常务副
总设计师、科技委常委。2018 年 1 月至今，任中国商飞公司
科技委常委、CR929 型号中方总设计师。

位于张江的中国商飞上海飞机设计研究院，C919 大型客机在这里孕育

在中国的飞机设计师群体中，陈迎春是非常特殊的一位。干了 35 年飞机设计，他先后担任 ARJ21 飞机副总设计师、C919 大型客机常务副总设计师、CR929 中俄远程宽体客机中方总设计师。以一己之身，先后担纲三款民用飞机总师，不要说在国内几乎无出其右，就是与国外的设计师同行们相比，也不遑多让。

为了研制 C919，中国航空人又一次全国总动员

让中国人坐上自己研制的大飞机，是中国航空人百年来的一个梦想。自20世纪80年代"运10"下马之后，"造不如买、买不如租"的逻辑甚嚣尘上，中国民机产业一度陷入了发展的泥沼，我国每年都要花成百上千亿美元进口飞机，"让中国的大飞机翱翔蓝天"似乎成了一个可望不可即的梦想。许多航空人在守望中，蹉跎了岁月，花白了头发。

进入新世纪，中国的综合国力持续快速增强，新技术、新材料、新工艺不断突破。研制 C919 大型客机，正是党中央、国务院站在新的历史起点上高瞻远瞩、审时度势作出的一项重大战略决策。2007 年 2 月,C919 大型客机正式立项。2008 年 5 月 11 日,作为实施国家大型飞机重大专项中大型客机项目的主体,也是统筹干线飞机和支线飞机发展、实现我国民机产业化的主体,中国商飞公司在黄浦江畔成立。

"C919 的总体设计方案,其实从 2008 年 3 月就已经开始酝酿了。同年 7 月,我被任命为 C919 大型客机副总设计师。当时整个 C919 总师系统只有两个人,吴光辉总设计师和我。"回忆起 10 年前 C919 开始研制的情景,陈迎春的语气淡定而从容。

随着国家研制大飞机的战略逐渐清晰,C919 的研制团队很快壮大起来。在位于龙华的上海飞机设计研究所(上海飞机设计研究院前身),在位于大场的上海飞机制造厂(上海飞机制造有限公司前身),在徐汇漕溪路的航天大厦,来自全国航空工业系统 48 家单位、20 多所高校的 500 多名专家,和陈迎春一样,汇聚到了上海,集合在中国大飞机这面高高树起的旗帜下,向着大飞机梦开始了新的进发。

"在我的记忆中,这是自上世纪七八十年代的'运 10'项目之后,中国航空工业又一次全国总动员。中央一声号令,全国航空业界的专家们,都赶到了上海,加入 C919 联合工程团队,来为大飞机这份事业出力。"陈迎春说,"这就叫举全国之力,聚全国之智,集中力量干大事。"

一个令人颇为感慨的细节是,中国商飞公司是在 C919 总体设计开始之后才正式成立。这就意味着,对这些从全国四面八方赶过来的专家们来说,岗位、工资、待遇等都很难保证,唯一可以确信的是 C919 这个项目的前景充满了挑战和未知。

"为什么 C919 联合工程团队要一路辗转龙华、大场、徐汇,最后在张江安营扎寨?因为我们一开始连个像样的办公场所都没有。"陈迎春说。从外地来沪的专家们,一开始吃住都在宾馆。几百号人挤在宾馆里一起搞设计,小会在房间里开,大会就到宾馆会议室里。

"在当时那种情况下,大家都无暇去计较待遇,都想着赶快把总体方案拿出来。"陈迎春认为,这种超乎寻常的热情,一是来自对国家战略的坚定信心,二是来自对大飞机这份事业的热爱,"第三吧,自从 1999 年我国驻南斯拉夫大使馆被炸之后,我们这些搞飞机的,心里都憋着一股劲。这股劲,从搞军机开始,就没松过,大家都是没日没夜在那里拼命干设计。民机这一块,还是我们国家的一个大短板,这股劲当然更不能松。"

靠着这样的信心和热爱,靠着这股子劲,这支联合工程团队,在吴光辉、陈迎春带领下,硬是在这样恶劣的办公条件下,在短短半年时间里,完成了 C919 大型客机的总体设计方案。

赢在起跑线,把 C919 打造成一款划时代的先进飞机

在 C919 项目启动之初,并不是所有人都看好这个项目的前景。相反,即使在 10 年之后,C919 两架飞机都已飞上蓝天、开始紧锣密鼓地开展适航取证试验试飞,对这个项目持有疑问的人仍然存在。

"我认为,C919 遇上了最好的时代,必将成为一款划时代的先进飞机,在世界民机舞台上占据一席之地。"作为 C919 的常务副总设计师,陈迎春一直保持着这样坚定的信心。面对一些不理解、不支持的声音时,他从来不改初心。

陈迎春口中"最好的时代",绝不是空口说白话。所谓时势造英雄,时势也造就大飞机。C919 项目得以上马,首先是我国综合国力发展到了一定阶段,其次是国内庞大的市场需求。而从外部环境上讲,在陈迎春看来,C919 项目从一开始就紧紧抓住了世界民机产业发展的宝贵机遇。

C919 瞄准的是国际航空运输市场中份额最大的干线窄体机。当时国际上主流的干线窄体机型,推出时间都已超过 20 年甚至 40 年。因为市场需求旺盛,

陈迎春（左二）与青年设计师交流工作计划

这些主流机型的销售一直很好，国际主制造商也没有足够的动力去更新换代。C919 的上马，无疑是抓住了这个机遇。从某种意义上讲，也是产生了"鲇鱼效应"，带动了整个民机产业的进步。

事实上，在 C919 立项之初，专家们就决心要设计一款在中国航空工业史上具有划时代意义的先进飞机。"要想在一个发展成熟、两强并立几十年的市场格局中有所突破，后来者必须出奇制胜，必须确保产品有足够的竞争力。"陈迎春把 C919 飞机的竞争优势归结为四个要素，即气动布局、机体结构、动力装置、机载系统。"四个要素我们都有突破，和国际上主流机型相比都有提高，和我们国家以往的机型相比更是跨了一个大台阶。"

在气动布局方面，C919 采用了最新的气动布局。如采用最新一代超临界机翼，采用流线曲面风挡，驾驶舱采用 4 块风挡玻璃，比主流机型减少 2 块，扩大了飞行员视野，提高了飞机的安全性、舒适性和美观度。

在机体结构方面，C919 大量使用了国际领先的第三代铝锂合金，并创新使用了部分复合材料，较好地贯彻了减阻减重的设计目标。"囿于国内材料科学、加工工艺的发展水平，我们最初设计的复材使用目标没能完全实现，但这并不妨碍 C919 飞机的突破性和竞争力。"陈迎春认为。

在动力装置方面，C919 采用 CFM 国际公司的 LEAP-1C 发动机，在燃效、减排上都比当时的国际主流机型高出了一大截。根据 CFM 提供的数据，与上一代发动机相比，LEAP-1C 发动机燃油消耗可减少 16%，二氧化碳排放量可减少 16%，氮氧化物排放量不到其 60%，且更为安静。

在机载系统方面，C919 在干线窄体飞机中首次采用三轴电传操纵系统，搭准了民机操纵系统发展的脉搏。同时采用最新综合航电系统等一系列先进的机载系统，比如视景增强系统，可以有效增强飞行员在低能见度下的可视距离；夜视传感器，能够让 C919 在夜间同样保持"明亮的双眼"。

"这四个方面的先进技术，在之前国内的航空工业中并没有太多的涉足。可以说，做 C919 的总体设计方案，我们的胆子还是挺大的。当然，10 年之后回头看，也幸亏当时我们坚持做了这样超前的技术决策。"陈迎春笑言。而且，C919 使用计算机三维数字建模，改变了以往二维图纸的传统工作模式。这一决策，在 10 年之后"互联网 +"、智能制造大行其道的今天，意义尤为重大。

值得一提的是，在 C919 总体设计方案出台之后，国际主制造商也跟着推出了主流干线窄体客机的改进型，主要是更换了新一代的发动机及个别机型的显示系统，而飞机的气动外形、机体结构和系统依然如故。

设计一个翼型做了上千个方案，跑遍了国内外的风洞

C919 大型客机自主设计研发的机翼，一直为媒体和业界所津津乐道。

首先，C919 机翼采用超临界机翼。公开资料显示，超临界机翼与传统机翼相比，可使飞机的巡航气动效率提高 20% 以上，进而使其巡航速度提高将近 100 多千米 / 时。在同一厚度的标准下，超临界机翼的整体阻力比传统机翼要小 8% 左右。采用超临界机翼还可以减轻飞机的结构重量，增大结构空间及燃

油容积。

其次，C919 采取机翼、发动机吊挂、翼梢小翼一体化设计，实现了良好的减阻效果。与国际同类主流机型比较，C919 新一代超临界机翼和翼梢小翼设计减阻 2%，发动机吊挂一体化设计减阻 2%。加上飞机其他减阻设计，积小优成大优，使得 C919 飞机整体上燃油效率有了显著提升。

"说 C919 赶上了最好的时代，在机翼的设计过程中，也有很好的印证。"陈迎春告诉记者，为了确保 C919 翼型的先进性，设计团队前前后后做了 1 000 多个设计方案，包括 600 多副机翼、150 多副小翼以及 400 多副发动机吊挂一体化机翼。"当时就是在建立数字模型后，利用超级计算机进行分析优选。我们国家的超级计算机是全世界最大最快的。如果没有先进的超算计算机，靠我们设计人员手工或传统的计算工具来计算分析，哪怕一个方案只需要算一天，全部算完那也得 1 000 多天，这肯定是无法接受的。"

在位于上海和北京国防科技大学的超算中心完成超算后，1 000 多个设计方案中优选出了 4 个方案，并制作出了试验件，接下来的工作是"吹风"。

所谓"吹风"，就是风洞试验，把试验件拿到风洞里面去吹风，模拟各种复杂的飞行状态，以测试其空气动力学性能，验证与超算分析结果的吻合程度。

风洞试验一上来就遇到个难题——国内没有足够大的风洞能放得进 C919 的机翼！"10 年前，由于财力和技术发展水平限制，国内像风洞这样的基础科研设施还不够发达，尺寸建得也偏小，主要满足翼展在十几二十米左右的战斗机的研制。可是 C919 的翼展近 36 米，必须寻找更大的风洞才能满足试验的需要。"陈迎春回忆。此外，军机和民机对风洞试验的要求不一样，所需的设备也不同。比如测阻力，民机的测量精度标准更高，国内几乎没有这样的条件。

国内没有，就只能去国外找。好在国外对民用飞机的风洞试验尚持较开放的态度。荷兰、德国、意大利、英国、法国、美国、俄罗斯、乌克兰等国都建有比较成熟的风洞。C919 设计团队基本上把世界上能够合作搞民机风洞试验的机构都联系了个遍。

"十几家机构跑下来，我们发现，国外民机风洞试验这一块有个比较有趣的现象，就是欧洲与美国互相之间是封锁的，可能是因为竞争吧。不过，对我们中国的民机不封锁，主要是因为觉得我们不会构成竞争。"陈迎春谈到，但是，找国外供应商做风洞试验也存在三个难题：一是周期长，做个模型动辄花半年时间；二是成本高，几百万元人民币就给你吹一次；三是一开始国外供应商只提供数据，我方不能参与风洞试验过程，只能拿着数据事后去分析，后来经过努力，我方可以参与试验过程了，这个难题算是解决了。

据陈迎春透露，在 C919 风洞试验、国内风洞能力建设的过程中，荷兰供应商的支持力度相对比较大。"我个人感觉荷兰的供应商都比较务实，他们觉得你们中国人既然下定决心要干一件事，那谁也拦不住。与其让别的国家和你们合作搞风洞，还不如就让荷兰人自己来干，先把这个钱挣了再说。这样一来，也带动了其他供应商，后来德国和法国风洞机构也表现得越来越积极了。"

通过建模超算、风洞试验等一系列设计实践，设计团队最终明确了一体化、弱激波的先进设计理念，在 C919 大型客机上成功应用了完全自主设计的超临界机翼，刷新了中国民机研制史。

同时，团队也积极地与国内各大风洞试验单位合作，帮着提需求、搞方案、找外援，积极推动建立起中国自己的民机风洞试验力量。目前，哈尔滨、绵阳、沈阳等地先后建立起了大型风洞，可以越来越多地承担 ARJ21、C919乃至将来 CR929 风洞试验的任务，对我国的航空航天事业发展起到了很好的促进作用。

为了提高 C919 的竞争力，每一克多余的重量都得减掉

回首 C919 十多年来的研制历程，陈迎春有着深刻的记忆，也有着许多的

感慨,特别是攻克结构减重、C919飞行控制律等一个个"拦路虎"的过程。

重量是飞机设计中的一个重要指标。在设计最大起飞重量固定的前提下,飞机自身"吨位"越重,能够承载乘客或者货物就越少,也就意味着航空公司的收益就越小。

根据中国民航局2017年5月发布的《2016年民航行业发展统计公报》,2016年国内民航行业运输收入水平为4.51元/吨千米。也就是说,每运输1吨飞行1千米,或者每运输1千克飞行1000千米,航空公司能挣到4.51元。简言之,每千克重量对航空公司来说都意味着真金白银的收入。

于是,为了满足市场需要、保证飞机在市场上的竞争优势,减重成为国际民机主制造商在飞机设计过程中的一项重要工作。

"减重的目标是在保证飞机安全的前提下,找到安全性、舒适性、环保性与经济性的平衡点,以最大程度地提高C919的竞争力。"陈迎春指出。在C919项目研制之初,团队就把航空公司的需求作为设计的前置条件之一,从结构设计、材料应用、系统集成等方面严格控制飞机重量。C919全机大量采用了强度更好、密度更低、重量更轻的新型结构材料,使得整体重量减少7%以上。例如在国内首次大规模应用第三代铝锂合金、复合材料为代表的先进材料,达到C919飞机结构重量的26.2%。首次成功应用3D打印钛合金零件,有效地实现了降低飞机的结构重量,延长使用寿命,提高燃油的经济性。此外,还包括系统安装机构、管路、电缆的综合优化。

这一套"瘦身组合拳"成效明显,但C919项目团队还是觉得"不解渴"。2014年3月,一场C919减重攻关动员大会在中国商飞公司举行,提出的要求是"把每一克多余的重量都减掉"。从中国商飞公司各单位、各部门,到各大机体供应商、系统供应商甚至发动机供应商,都被动员起来了。中国商飞公司董事长贺东风时任总经理,他要求C919减重工作每天都要有计划、有进度,每天都要亲自听汇报。

"整个 C919 团队都'压力山大',我给贺董作汇报更是捏了一把汗。"陈迎春的汇报 PPT 里,详细地列出减重举措以及具体的部署,分解到每个团队,甚至分解到每个零部件,分解到每个人减多少,然后定指标、下任务。"减重是一项系统工程,需要综合考虑安全、寿命、经济性、进度、成本、技术等各个方面,需要总体、气动、强度等各个专业的配合。在 C919 减重工作中,系统工程的理念、方法、工具都得到了很好的贯彻。我们把总体的减重指标自上而下、一个层次一个层次地进行剖析、分解,最后落实到每一个团队每一个人。"

创新是 C919 减重工作中的一条重要思路,也是一大收获。为了把 C919"瘦身"工作做到极致,团队在技术开发上动足了脑筋。举个例子,假设一个零件重 5 千克,按照常规的、主流的设计,它就是得重 5 千克。为了把这个重量减下来,就得在技术上创新,设计出新的零件,或者应用新的材料,或者采取新的布局。"为了减重,整个团队每一位设计师都可以说是想尽了一切办法。也包括制造团队、供应商,大家都在一起铆足了劲,都想尽力把多余的重量减下来,都想让 C919 飞机更好一点,再好一点。"陈迎春说,通过减重,团队在新材料、新设备、新思路、新布局、新结构等各个方面都取得了创新,实现了技术进步,形成了一大批设计方法、指南、流程、规范、成果和专利。

成功"瘦身"的同时,并未降低 C919 安全的要求。截至 2017 年 5 月 5 日成功首飞前,C919 完成了近 50 项地面强度试验,包括翼身组合体极限载荷试验、C919 全机静力试验等重要指标性的试验科目,试验结果良好。

ARJ21 是开路先锋,为 C919 的成功杀出了一条道路

陈迎春和大飞机的缘分,最早可以追溯到上世纪八九十年代,他参与了中国和德国合作研制中型喷气客机 MPC75 的项目。上世纪 90 年代,他也参与了先是中美日韩合作、后来变成中法合作的 AE100 中型喷气客机项目研制。而他

作为型号总设计师全程参与大飞机事业，则是从 2003 年 ARJ21 新支线飞机研制开始的。

ARJ21 新支线飞机是我国首次按照国际民航规章自行研制、具有自主知识产权的中短程新型涡扇支线飞机，座级 78~90 座，航程 2 225~3 700 千米，主要用于满足从中心城市向周边中小城市辐射型航线的使用。首家用户成都航空运营有 4 架 ARJ21 飞机，载客量超过 5 万人。在中国民机产业界以及主流媒体上，ARJ21 飞机经常被誉为中国民机产业的"探路者""开拓者"。

陈迎春正是 ARJ21 飞机首批副总设计师之一。"领导要求我们到上海来支援民机项目，我是第 1 批到的 4 个人之一，一来就被任命为副总设计师，主管总体气动方面的工作。"陈迎春回忆道。

作为开拓者，ARJ21 项目的研制历程真可谓筚路蓝缕。姑且不论当时国内对国际民航规章、民机研制规律的研究处于"初级阶段"，也不论几乎一穷二白的民机产业配套体系和技术基础，就是当时设计人员的办公条件这一条，就简陋到无以复加。比如画图纸，和 C919 用计算机三维数字建模不同，ARJ21 采用二维图纸。陈迎春告诉笔者，"ARJ21 在设计过程中也使用了一些计算机辅助系统，但没能达到三维数字建模那种程度。"

身为负责总体的副总设计师，陈迎春在 ARJ21 项目研制之初的主要任务是作技术决策。"工作牵扯到方方面面，问题也比较集中，我就经常在各个专业之间来回跑，开这个会开那个会，作技术决策。进度要求摆在前面，不拍板，问题就停在那里。"在很长一段时间里，陈迎春的工作状态都是没日没夜连轴转，有时候一天能排上七八个会，每个会都需要他去拍板定事。"现在回想起那种工作状态，真像是走在草地里面、爬在雪山上面，每迈一步都特别沉重。但是不敢停，一旦停下来就倒在那出不来了，真是咬着牙硬往前走，就这么挺过来了。"

在陈迎春看来，每个型号都会经历这样一个阶段，就像中国革命一样，有开创阶段，有非常困难的中间阶段，甚至困难到开始有人怀疑行不行、能不能干下去的阶段，熬过了困难阶段就到了热火朝天大干一场的阶段，最后到欢天喜地的成功阶段。而负责总体气动的工作，注定了陈迎春往往只能"享受"型号研制从开创、困难到大干一场的阶段，而很少能够真正分享到团队成功的喜悦。比如ARJ21飞机首飞时，陈迎春已任C919副总设计师；C919首飞时，陈迎春的工作重心又转移到了CR929项目。"飞机总体气动的工作就是这样，必须走在其他专业的前面。"陈迎春淡淡地说到。

2008年11月28日，ARJ21飞机在上海大场机场首飞；2017年5月5日，C919飞机在上海浦东机场首飞。这两次载入中国航空工业史册的首飞，陈迎春作为总师，都在现场。谈及这两次激动人心的首飞，陈迎春回应"很高兴，但是很平静"，因为"我心中有数"。

也许，这也正是负责总体设计的设计师们，应该有的担当和从容。

与俄罗斯合作，研制一款中国有史以来最大的飞机

其实，接受笔者采访时，陈迎春已经把工作重心逐渐转移到CR929中俄远程宽体客机的研制上了。但是，工作内容的变化，丝毫没有模糊他对C919艰难研制历程的清晰记忆，也丝毫没有影响他谈起C919时，那满满的自豪和信心。

C919成功首飞后，党中央、国务院专门发来贺电，指出"首飞成功标志着我国大型客机项目取得重大突破，是我国民用航空工业发展的重要里程碑，是在以习近平同志为核心的党中央坚强领导下取得的重大成就，体现了中国特色社会主义道路自信、理论自信、制度自信、文化自信，对于深入贯彻新发展理念，实施创新驱动发展战略，建设创新型国家和制造强国，推进供给侧结构性改革，具有十分重要的意义。"

这一段话，曾让首飞现场的许多大飞机人热泪盈眶，也让大家数年来的艰辛与坚守化作了喜悦和自豪。而陈迎春却没有太多的时间去享受成功，CR929

中俄远程宽体客机的研制任务早已经把他的日程表排得满满当当。

中俄远程宽体客机是中俄两国企业在高科技领域开展务实合作的重大战略性合作项目。2016 年 6 月 25 日，在习近平主席与普京总统见证下，中国商飞公司与俄罗斯联合航空制造集团签署了项目合资合同。2017 年 5 月 22 日，双方的合资公司，也是实施 CR929 项目的主体——中俄国际商用飞机有限责任公司（CRAIC）在上海挂牌成立。同年 9 月 29 日，宽体客机正式命名为CR929，合资公司 Logo 发布。

"打个比方，如果把研制 ARJ21 新支线飞机时的大飞机人比作红军，研制C919 大型客机就是新四军了，而现在干 CR929 宽体客机就是解放军了。"陈迎春这样比喻他所经历的三个民机型号。

CR929 将成为中国历史上最大最先进的一款飞机。从吨位上看，1 架CR929 相当于 3 架 C919，或者 6 架 ARJ21；从个头上看，CR929 达到了 60多米量级，C919 是 40 米量级，ARJ21 是 30 米量级；从航程上看，CR929基本型的设计航程达到 12 000 千米，C919 是 6 000 千米量级，ARJ21 是3 000 千米量级；从材料上看，CR929 的复合材料用量占比将超过 50%，C919 则为 12% 左右。

"CR929 的另一大特色，是中国航空工业在历史上第一次实现了和国外的对等合作，资金对等、技术对等，而不是以往的我们出钱、出市场，老外干活，技术到最后还是老外的。"陈迎春话里透着自豪。

"对等合作"从 CR929 的命名中就可见一斑。C 和 R 分别是中俄两国英文名称首字母，代表该款宽体客机是两国企业合作研制的先进商用飞机。"929"中的"9"是最大的数字，寓意长长久久，代表双方合作深远而持久，也代表该款飞机寿命期会更长、运营期会更久，合资公司发展规模会更加壮大。"2"表示该款飞机由两国企业携手合作、联合研制。

对等合作意味着大家要互相商量、互相借鉴、互相对比分析。这一过程难免会有磕磕碰碰，需要双方求同存异，精诚合作，握着手向前迈进。"既团结合作，又独立自主、创新发展，这是我们和俄方团队合作的一个准则。毕竟这么多年、这么多型号干下来，我们基本可以做到心态上不慌不乱、心中有数，行动上稳扎稳打、步步为营。目前，中俄双方的合作很顺畅。我们团队现在经常开启中俄两地办公模式。"陈迎春笑道。

目前，中俄双方已经组建了联合工程团队，完成了联合市场调研，正在开展联合方案定义。2017 年 12 月 21 日，CR929 项目完成推进系统邀标建议书（RFP）发放。2018 年 1 月 30 日，由中方团队自主完成的 CR929 飞机首件全尺寸复合材料机身壁板工艺件试制成功，尺寸达到 15 米 × 6 米。

信手填的大学志愿，填出来一个型号总设计师

走上飞机总体设计这条道路，陈迎春说，完全是一个偶然。

1979 年，陈迎春在江苏参加高考，当时可以填报 5 个重点志愿。前 3 个志愿都填完了，都是当时重点大学热门的地质、核工业之类的专业。再填后面 2 个志愿，陈迎春就有点吃不准了。问老师，答查招生目录简章，找 2 个重点大学填上就行。陈迎春好不容易找来全校唯一的一本招生目录简章，信手翻完，提笔就填了个西北工业大学空气动力学专业。

"填完了跑去问老师，空气动力学专业是学啥的。老师答，不知道啊，难不成是搞空气锤的？石油钻井的那种？"陈迎春笑言，"第二天，老师又专门找到我，说帮我问过了，空气动力学厉害着呢，是搞导弹的，钱学森就是搞空气动力学的。"一直到被西北工业大学录取之后开学报到，陈迎春才弄清楚，学校空气动力学专业是搞飞机的。"搞清楚了就赶快给家里写信，说我是搞飞机的，不是搞导弹的。搞飞机也挺有意思，慢慢地我就喜欢上了，一干就是 30 多年，从来没变过。"

从军机研制到民机研制，35 年弹指一挥，陈迎春一心扑在了他喜爱的这份事业上。"搞飞机这一行，从国家层面来说，具有重大的战略意义；从技术层面来说，属于现代科学技术的巅峰，有着很高的学术价值。我觉得，这一行是值得年轻人为之踏踏实实奋斗一生的。"

从军机型号，到 ARJ21、C919、CR929 三大民机型号并举，陈迎春见证了中国大飞机从零起步，艰难而执着地迈过一个又一个沟坎，迎来一个又一个里程碑，创造着一个又一个属于中国航空人的辉煌。

在 2017 年 5 月 5 日 C919 成功首飞后，美国《纽约时报》这样评论：对于一个在 40 年前还是世界上最贫穷之一的国家来说，C919 的首次飞行象征着新兴超级大国的工业实力，同时也体现了其主导新技术时代的梦想。

而对于 C919 以及中国大飞机的未来，陈迎春倒是显得十分冷静。"不论是正在开展示范运营的 ARJ21，还是刚刚开启适航取证试验试飞征程的 C919，抑或是和俄罗斯合作研制的 CR929，中国大飞机要走的路还很长，我们还远远没有到松懈的时候。"

陈迎春坦言，发动机、复合材料、机载系统仍然是摆在中国大飞机面前的三大难题。中国大飞机要想实现独立自主的可持续发展，必须下大力气解决这三大短板。"值得庆幸的是，我们国家已经意识到这个问题，开始着手安排。比如发动机，2016 年专门组建了中国航空发动机集团。在复合材料和机载系统方面，主要是通过与国际供应商合作，组建合资公司等方式，逐步提高国内企业的参与度。"

"当然，民机产业的发展有其自身规律，不可能一朝一夕就发展到怎么样先进的一个程度。而且，近几年国际形势的变化扑朔迷离，中国搞大飞机的外部环境也存在许多变数。我们对此要有清醒的认识，也要做好充分的准备。"陈迎春认为。

2014 年 5 月 23 日，习近平总书记亲临中国商飞公司设计研发中心视察，并

陈迎春（左前一）与团队研讨设计工作

在现场发表重要讲话。陈迎春作为设计团队的一员，得到了习近平总书记的亲切接见。"总书记对我们说，研制大飞机和我们'两个一百年'的目标，和实现中国梦的目标是一致的，我们一定要把大飞机搞上去。"陈迎春说，"一晃快4年过去了，总书记叮嘱我们的这些话，还是清晰地留在大家的脑海里。实现大飞机梦，我们任重道远，我们责无旁贷。"

文 / 周森浩

C919「最强大脑」是怎样炼成的

访 C919 大型客机副总设计师 周贵荣

周贵荣

C919 大型客机副总设计师

1964 年出生于浙江嘉兴。北京航空航天大学电子信息工程学院通信与信息系统专业工学博士。1985 年，在中国直升机设计研究所 6 室参加工作。历任上海飞机设计研究所综合航电设计研究室（11 室）主任、党支部书记。2009 年，任中国商飞公司 C919 大型客机副总设计师。

C919 大型客机在浦东机场进行飞行试验

　　"C919 大型客机的航电系统,是国内民机领域第一次在大系统层面尝试自主设计、自主集成。采用模块化设计和开放的分布式架构,应用国际先进的功能和设备,堪称'最强大脑'。"C919 大型客机副总设计师周贵荣在接受笔者专访时说,"通过自主设计集成航电系统,我们建立研发体系,打通了设计流程,同时自主设计研发验证了多项软件,从零起步建立了一支近 300 人的研发团队。这是通过 C919 型号给中国民机制造业攒下的一笔宝贵财富。"

"对 C919 的每一次飞行,我们都很有信心"

　　在航空业界,航电系统被比喻成现代飞机的大脑和五官。这是因为,航电系统承担了飞机上几乎所有数据的交换功能,飞机上各种系统都需要航电系统提供信息进行计算和控制,飞行员需要通过航电系统来识别飞机状态,并输入信息对飞机进行操作。

比如飞机飞行时,气象雷达可以观测上百公里外的天气情况,相当于飞机的"眼睛"。百公里范围近距离使用的超短波电台、远距离使用的短波电台、全球卫星通信系统,相当于飞机的"耳朵"和"嘴"。无线电导航设备、ADS-B 系统、惯性导航系统、卫星导航等设备,让飞机始终清楚身在何处永不迷航。机载维护系统与全机所有的系统保持热线联系,帮助飞行员及地面维护人员监控并了解飞机的健康状况、维护状况。而这一切信息的汇总、分析都需要通过航电系统来实现。

"航电系统包含了大量先进的功能,涉及众多的机载软件和复杂电子硬件,在工业规范中被定义为高度复杂的综合系统,交互传输的数据量高达数百万条。可以说,航电系统是整个飞机里面复杂程度最高的系统之一。"周贵荣告诉笔者。航电系统的性能直接影响着飞机的自动化和智能化水平,对飞机运营的安全性、经济性、舒适性、维修性等都有着极为重要的影响。正因为航电系统的特殊地位,当今主流飞机制造商都将航电系统集成与验证相关技术列为核心关键技术;航电系统的先进程度也成为衡量现代飞机先进性的一个重要指标。

在周贵荣看来,C919 航电系统的先进性主要体现在三个方面。

一是采用了先进的系统架构,采取开放式、模块化设计,具有很高的智能化水平和良好的可扩展性。"以前设计的飞机航电系统都是定制的,而 C919 的航电系统则更加灵活。"周贵荣举例说道,"类似于电脑可以随时插拔 U 盘,C919 的航电系统可以根据需要灵活地配置不同的接口和功能模块,从而大大降低使用成本,提高升级维护性能,并节省研发时间。特别是 C919 飞机仍处于研制阶段,为适应全机各系统的变更需求,航电系统面临较多的迭代升级,需要反复地验证,按照这种开放式的体系架构,新的需求、新的模块我们都可以很灵活地加上去,通过软件配置就可以很快实现,而不至于要把整个系统推倒重来。"

二是采用了先进的功能。从设计之初就规划了比如视景增强功能、合成视景功能等功能，能为飞行员提高情景感知能力、降低工作难度、提高飞行安全水平。这些功能属于当今国际上比较先进的功能，设计研发工作都在有序地推进。

三是采用了国际先进的设备，能够确保飞机高精度、可靠稳定地运行。比如先进的综合监视系统、第六代惯性导航系统、无线电通信系统等，都是当今国际上最先进的设备，能够较好地实现设计规划的功能和性能。

在新华社等主流媒体的报道中，C919 大型客机的航电系统被誉为当今航空业的"最强大脑"。那么这个"最强大脑"的实战表现究竟如何？在 C919 大型客机第一架机、第二架机的首飞中，周贵荣和他的航电团队交出了堪称完美的答卷。

"第一架机在 2017 年 5 月 5 日首飞，飞行时间 79 分钟。第二架机 2017 年 12 月 17 日首飞，飞行时间 2 小时。在两架飞机的首飞中，航电系统没有发生一起故障，飞机驾驶舱没有发生一次相关的告警。"周贵荣平淡的表述中透着自信。首飞后，C919 大型客机第一架机完成了多架次的高密度试验试飞，并于 2017 年 11 月 10 日转场西安阎良，交由中国航空工业集团试飞院开展试验试飞，航电团队也派出了得力干将到阎良现场前方提供技术支持。第二架机在 2017 年底完成首飞后，2018 年 1 月 14 日完成了新年的第一次飞行。在这些高密度的试验试飞任务中，航电系统的表现一直"让人很有信心"。

"每一次首飞成功大家都很高兴，因为我们的设计理念、方法、工具等都得到了成功的验证，因为大家长期以来的努力终于开始开花结果。"周贵荣说，"这就是我们对 C919 飞机每一次飞行都能够有信心的原因。"

"航电系统必须自主设计，我们没有退路"

在 C919 大型客机航电系统研制之初，周贵荣和团队还真没有如此"放心"

航电试验是周贵荣心头最大的牵挂

的底气。恰恰相反,项目一开始,C919 项目总师系统只有区区几个人,整个项目负责航电系统的只有周贵荣和他带的两个"徒弟",航电开发集成堪称"一穷二白",可谓"百废待兴"。

"那是 2008 年,中国商飞公司刚成立,项目团队刚开始组建。"周贵荣回忆道,"和公司的发展历程一样,我们 C919 航电项目的团队也是一边组建队伍,一边研制项目。"

长期以来,航电系统一直是我国民机产业的短板。在 C919 项目之前,中国民用客机的航电系统普遍采用国际供应商的成熟产品,由供应商成套集成交付。但是,在 C919 项目上,周贵荣团队作出了一个非常艰难的决定。

"我们决定,C919 项目的航电系统必须自主设计和集成。"周贵荣说。的确,如果沿用以往的模式,采用供应商成套的成熟产品,整个项目研制过程中团队面临的技术难度和需承担的风险会小很多,团队的压力也相应小很多。但作为民用大型客机的主制造商,中国商飞就将失去对全系统研制过程的掌控,项目实际研制周期和风险会增加,也会失去后续全机各系统升级的主动权。"如果我们退缩,中国商飞将无法成长为像波音、空客那样国际一流的民机制造商。相反,如果我们在 C919 项目上干成了自主设计集成这件事,那就能全面提升我国民机航电系统的总体设计能力和综合集成能力,建立起我国民机航电系统的研发体系和流程,具备带动国内机载系统相关产业发展的能力。从这个角度来看,C919 并不是单纯的一个飞机型号产品的研制项目,它和 ARJ21 一样,都肩负着带动产业发展的重任。因此,我们必须迈出这一步,没有退路!"

目标很丰满,过程很艰难。周贵荣的航电团队一边"招兵买马",一边开始规划后续的工作。"专业发展和人员规划是我们最早开始做的工作,毕竟新专业的建立和人才的培养需要比较长的周期。自主设计航电系统,需要哪些相关专业、提升哪些技术、需要哪些人才、使用哪些工具及方法、需要怎样的试验环境、采取怎样的设计流程和项目管理架构、怎样给供应商分配任务等,都是项目之初我们亟待解决的课题。"

在供应商分工方面,按照以往采购成套产品的模式,主制造商主要是向供应商提出总体需求,不会太多地介入成套产品具体的设计研发细节和过程。而自主设计集成航电系统,首先是要求主制造商必须掌握总体综合设计和集成能力,研究整体工作包如何分解和集成,在综合考虑先进性和经济性基础上,对子系统进行综合设计,再选择相应的供应商承担分解后的工作包及分系统的研制任务。"这样分解之后,至少有三大好处,一是更有利于先进性和经济性的综合平衡,二是主制造商具有更高的主动权和对项目的掌控能力,三是整个航电系统的开放性非常好,我们可以随时根据要求对子系统进行创新设计、升级换代,更好地保证 C919 飞机在完成相当一段时间的研制历程进入市场之后,还能保持先进性。"周贵荣谈起当时的认识。

组织架构的建设和调整,同样是研制大型客机这类高端复杂产品所必须攻克的难关。一架大飞机不同层级的零部件及机载软件、复杂电子硬件数量动辄上百万,航电系统作为"大脑"怎样协调上百万的软硬件高效、稳定运行? 这可能是世界上最复杂的系统工程之一。国际上领先的民机主制造商,普遍在项目管理上采用强矩阵式组织架构,组建跨部门、跨单位的综合项目团队(IPT)来主导项目研制。所有管理要素均从原单位、原职能部门往 IPT 下沉,以确保项目研制的协同高效。

2014 年起,中国商飞公司着力在 ARJ21、C919 两大项目上导入项目管理模式。周贵荣所在的航电团队,在整个 C919 项目团队中第一个主动递交了项目组织调整方案。"当时是按照公司的总体部署,把我们的一些考虑,包括初步的组织架构及层级、专业分工、任务分配,以及大致的运行方式,形成了一个初步的方案,向公司领导进行了汇报,得到了肯定。简单地说,就是按照项目需要来设计组织架构,把人、财、物等各种资源都向项目团队集中,实现扁平化的管理。有点像军队里的集团军,大家所有的目标都是按照公司的要求,聚焦怎样快速高效地完成好任务。"

十番寒暑,十年成长,十载收获。截至 2017 年底,C919 项目航电团队中已有 289 位成员,下设 12 个 2 级团队、1 个项目管理办公室,包括 7 个产品团队,对应航电系统的 7 个 ATA 章节的分系统,以及机载软件和复杂电子硬件管理、电磁环境效应设计及试验、综合试验验证、适航取证、机载软件开发等 5 个团队。

"搞机载软件开发绝非不务正业,我们在给后人开路"

C919 的航电团队里为什么要专门设置一个机载软件开发团队? 在周贵荣看来,软件开发看似和飞机研制风马牛不相及,其实这项工作的意义超乎一般人的想象。他讲了这么一个故事。

C919 大型客机机上地面功能试验现场

　　一次，C919 电源系统数据对全机各飞机系统的数据接口出现了问题。由于涉及上千个数据的传输和转换，如果这个问题不能及时解决，飞机就无法首飞上天。为了确保研制进度，研发团队紧急联系承担系统研制的国外供应商，希望他们尽快完成相应的研制。国外供应商回复：可以提供软件，但是需要花七八个月时间来开发测试，还需要提供几百万美金的研发资金。研发团队反复协调，国外供应商就是不肯松口。求人不如求己！周贵荣把团队里的机载计算机软件高手集合起来，组成一支小型攻关开发团队，研发电源系统对外数据自动转换软件。由于涉及大量的数据，如果是人工进行数据分析，工作量非常大，且分析结果也很难保证百分百准确，可重复性差。为此，团队专门开发了能进行自动分析、转换和测试的工具软件，提高了软件的质量，加快了进度。"这个软件完成开发和内部测试之后，到集成阶段、机上试验及试飞全过程中，已有几年时间了，没出过一次问题。团队后来还遇到几次类似的问题，凡是遇到进度紧急的,或国外供应商要价高昂、进度又不能满足要求的情况,我们就自己干,后又接连开发了好几个装机软件。现在的情况是反过来了,航电系统的软件方面如果有情况,供应商还会主动来问是否需要提供服务。"周贵荣的话里透着自信,"所以我们搞大飞机一定要有自己的能力,没有能力就会非常的被动,会不断地往外掏钱,同时进度上也很难控制。"

航电系统集成的大量核心技术及理念都要通过机载软件来实现。在2008年项目之初,周贵荣就规划了要建立机载软件开发能力,为确保所研发机载软件的质量,当时就规划确定了机载软件开发要通过能力成熟度评估国际认证(CMMI)的目标。掌握核心技术、节约成本、节省时间、触动供应商,是航电团队自主研发软件的动因。而后来这项工作实际在C919项目研制过程中的溢出效应,恐怕连周贵荣本人都始料未及。

"搞完数据转换软件之后,我们尝到了自动化工具的甜头,也初步建立了软件开发的流程及体系,然后就一发不可收了。"周贵荣大致盘点了一下这几年航电团队开发的软件,"比较重要、复杂的有接口管理系统平台、过程控制平台、问题报告管理系统、需求开发平台、装机的机载软件等。这几个软件并不只是航电团队用,而是面向C919整个项目团队甚至供应商等,同时还为试飞中心、客服中心、试飞院等开发了地面监控软件模块,确保了软件的准确性、与飞机上状态的一致性,让软件研发的能力和作用最大化,实实在在地推动项目更快、更好、更省向前迈进。"

周贵荣提到的问题报告管理系统,主要是为了实现对飞机研制全过程的问题管理,目前已在中国商飞ARJ21、C919、CR929三大型号推广应用。该系统有两大功能。一是问题的报告和解决。整个研发链条从设计、研发、制造、试验、试飞、运营到服务,任何环节出现问题,都能够在问题报告管理系统上查询到,可以用视频、图片、文字等形式描述问题,分配至相关的责任部门、责任单位、责任人。责任人领到任务后,可以查询问题提出的具体情况、查询或录入解决问题的方法，也可以对其他责任人的解决方法提出意见，还可以随时在系统中实时查到有关问题的解决进展情况。二是知识的管理和共享。团队定期对问题报告管理系统进行清理，对未解决的问题进行跟踪、督促，对已解决的、有价值的问题进行归档、共享。"这相当于是在航电系统上建立了'第二块屏幕'，实现了有效的知识管理和共享，让大家都能借鉴团队研制过程中的经验教训，让问题避免重复发生。从这个角度讲，我们是在给后人开路。"周贵荣所说的"第二块屏幕"是中国商飞公司推进知识管理的一项举措，旨在以信息化的手段建立面向民机设计研发流程的知识管理平台，实现设计流程的可视化。

值得一提的是，在这个问题报告管理系统中，每一个问题、每一条流程都留有编制人员的姓名和照片，这让每一位参与者都倍觉自豪。

2013年，航电机载软件开发团队通过了第3级软件成熟度评估认证，这在整个国内航空领域中尚属首次。

"6天5夜不间断试验，我们不带问题上天"

C919首飞前，在中国商飞公司员工中间，曾经广泛传播一张照片。照片中，周贵荣斜靠在办公椅，睡着了，可另一只手还举着手机放在耳旁。原来，为了完成首飞前的某项重要试验，那段时间周贵荣带着航电团队加班加点，一口气奋战了6天5夜，可以说是累到了极点，所以，他才会讲完电话，来不及挂掉，就睡着了。这个细节，被新华社记者捕捉到，成为了鏖战首飞的几千名大飞机人的一个缩影。

"那一段时间，因为飞机上的工作排得非常满，时间非常紧，任务非常急。所以我带着团队里的骨干一直蹲守在现场，白天上飞机工作，晚上就'蹲'在那个椅子上，这样所有的问题我们都能在现场第一时间解决掉。"周贵荣这样解释,"我们团队内部有一个要求,一旦试验发生问题,不管是谁,不管在什么地方,都要赶到现场解决问题。"

设计团队蹲点试验现场,跟踪试验进展,参与试验任务,解决试验问题,无疑提高了试验试飞工作的效率。比如在飞机机上地面功能试验(OATP)期间,驾驶舱显示器在上电试验中突发故障,无法显示。当时已是午夜时分,航电团队立即介入,定位故障,查找故障原因。数据抖动、数据溢出之类的问题在所难免,如果让供应商自己来解决,时间又会拖得比较长,而且还会有额外的费用发生,而C919首飞可不能因为这类问题耽搁。航电团队决定自己动手、自行解决,针对故障制定了多套方案,并模拟环境完成仿真测试,经过软件评估后,与试验试飞团队达成共识,就在现场应用到了飞机驾驶舱显示器上。

"前后一共花了两周时间,如果让国外供应商按常规做法,没有几个月恐怕是完不成的。"周贵荣说,"通过这些独立自主的工作,我们团队的能力也提升了。以前我们是跟在'老外'后面干着急,现在我们自己可以做了,可以集中资源快速攻关,这就是自主研制的意义。"

航电系统综合试验,是C919首飞前航电团队必须啃下的又一块硬骨头。在位于中国商飞设计研发中心的民用飞机模拟飞行国家重点实验室里,周贵荣带着团队又是连轴转、熬夜干。"当时应该是'五一'劳动节前,还有几天就是C919首飞的日子了。我们就在航电系统综合试验室,连着干了30多个小时,进行首飞前的系统综合稳定性试验。"

试验的方法是在系统综合试验室模拟C919在北京至上海航线上的模拟起降,整个过程不作间断,检查系统不间断持续运行的稳定性。"北京到上海的航程大概2个小时左右,C919在试验室的模拟航线上大概飞了10多个来回。整个过程中没有发生一起故障,没有出现非预期的任何异常,系统可以说是非常稳定。"周贵荣告诉笔者。

30多个小时里,航电团队的设计师们一直坚守在现场,实在困得不行了就在椅子上靠一会儿，或者和衣在地板上躺一会儿。

"我们不能让C919带着任何安全隐患问题飞上天。"周贵荣表示，"可以说，经过这样反复的模拟、反复的试验测试后，对C919首飞，我们团队心里已经很有底气。"

在C919首飞过程中，还有这么一个小插曲，既鲜为人知，又耐人寻味。

首飞时间原定是5月5日上午，但上海及周边指定试飞空域的天气状况一直不稳定，浦东机场上空更是一直被茫茫云层笼罩。按照国际上一款民用大型客机首飞的常规要求，这样的天气条件是很难满足目视起降的。领导经过审慎研究，首飞时间调整至下午。但过了中午，天气状况仍然没有明显好转的迹象……

"直到下午，在天气情况稍有好转的情况下，C919首飞指挥部拍板决定实施首飞，这可以说对飞机、机组是有着很大的信心，但也实在是顶了相当大的压力。"周贵荣回忆。好在C919首架机安装了仪表着陆系统，能够在天气状况欠佳、目视起降无法实现的情况，用仪表引导飞机进近降落，从飞机能力的硬件角度，为首飞的圆满成功增加了一道保障。

"我们之前对仪表着陆系统进行了反复的验证，保证了性能的稳定。尽管这并不是飞机首飞的常规选项，但首飞机组还是非常支持，挤出时间对系统进行了地面检查。这样即使首飞当天本地天气恶劣，能见度很差，机组也不用担心要备降到其他机场。"周贵荣说，"古人说，天时不如地利，地利不如人和，这在C919圆满首飞中得到了很好的验证。"

"国家树起一杆大旗，我们尽一分心力"

1985年从西北工业大学航空电子工程专业本科毕业的周贵荣，身上有着一份朴素的情怀，那就是"航空报国"。在中国直升机设计研究所工作的23年中，他先后参与了多个国家重点型号的研制，历任主任设计师、副总设计师、常务副总设计师。同时作为总设计师完成了某重点型号的设计定型。在见证国内机载航电系统发展进步的同时，周贵荣也在收获着自身的成长。

2008 年 5 月 11 日，中国商飞公司在浦江之畔成立，中国大飞机再度扬帆起航。一个多月后，周贵荣就主动投身到了大型客机的研制中。

"当时的军用航空领域，航电系统的综合集成和自主研发已经发展到了一定的阶段，技术、人才队伍、设施等也已建立起来。但是在民用航空领域，这一块还几乎是空白。民机是直接参与国际竞争的领域，其安全性要求更高，我们国家还没有建立相应能力。与国际一流水平的同行同台竞技，是挑战也是机会，作为航空人，我觉得我们有责任把这块空白给填上。"周贵荣回忆，"国家在上海树起了民用大飞机这一杆大旗，我们作为航空人就要在这杆大旗下承担起责任，尽自己的一分心力。"于是，就有了本文开头那一幕。

回忆起在中国商飞上海飞机设计研究院工作的这 10 年，周贵荣有着许多感慨。"搞了 10 年民机，最大的感受是，这活儿确实非常难。"周贵荣笑言，技术攻关上"拦路虎"一只接着一只冒出来，项目管理上遇到的"幺蛾子"也不少。比如在国际合作方面，C919 项目遇到的挑战前所未有。"我们的大飞机刚刚起步，就要和国际上最顶尖的供应商开展合作，和最顶尖的主制造商同台竞技，我们需要快速提升到同等的高度，这个难度可想而知。所以，一开始我们的供应商合作和管理有很多难度，随着项目的进展和成长，我们逐步地赶上来了。"在周贵荣的经验里，国外供应商总体上还都比较务实，只要你有真本事，老外就服你，特别是在 C919 成功首飞后。"说到底，我们也好，供应商也好，大家都想把 C919 项目做成功。对我们来说，是完成党和国家交给我们的光荣任务，让咱们老百姓坐上更加安全、舒适、经济、环保的大飞机。对老外来说，项目成功了，他们才能挣更多的钱。"

周贵荣的第二个感受，则是一个"实"字。"因为民机首先一个要求就是安

周贵荣研读 C919 大型客机相关试验试飞计划

全,我们的产品必须对千万乘客的安全负责。而要做到安全,必须有严谨的流程,必须付出脚踏实地的努力。"周贵荣经常和团队成员们举一个例子,都说德国人做事很严谨,严谨到什么程度?假如一个德国人丢了一个小东西,就把要找的区域划成九宫格,然后按顺序一格一格去找……看似一个玩笑,周贵荣却认为:"研制大飞机就得这么严谨,确保每一个小格子你的眼睛都看过了,确保每一个小格子都没有问题,看似很古板,但能确保质量的稳定。不管什么样的人去做,都可以确保质量稳定可靠。搞大飞机不能要小聪明,不能总指望四两拨千斤、走捷径,要保证每一步都做到位,这样才能确保整架飞机品质的稳定,才算做到真正的踏实。"在他看来,这才是科研工作者该有的作风。

在中国商飞的设计研发中心、总装制造中心、客户服务中心、试飞中心等,"长期奋斗、长期攻关、长期吃苦、长期奉献"的大红标语被高高悬挂在最显眼的位置。这"四个长期"被视为所有大飞机人共同努力践行的大飞机精神,被许多领导、媒体、公众所津津乐道。在笔者对周贵荣长达数个小时的采访中,他并没有太多地提及"四个长期"。但是在采访的最后,他倒是悠悠然来了一句:"我从毕业参加工作一直到现在,33年了,没有休过一天年假。最早是没有年假,现在是有年假没空休。我家就在不到100千米外的浙江嘉兴,但一年也难得回去几趟。"说完,他还提醒笔者,别把这段话写进文章里,因为"其实团队里从不休年假的人很多。"

也许,"苦"应该是周贵荣和团队干大飞机事业必须承受和克服的。只是,当我们看到 C919 矫健地抬起机翼、骄傲地翱翔天际那一刻,这些大飞机人脸上满满都是幸福和自豪。我们也才会深深地明白,这"四个长期"背后,那一颗颗红彤彤、沉甸甸的、航空报国的赤子之心。

文 / **周森浩**

十年苦心孤诣，
让C919不断突破『体能』极限

访 C919 大型客机副总设计师 周良道

周良道

C919 大型客机副总设计师

1968 年出生于湖北监利。清华大学工程力学系固体力学工学
硕士。1992 年在国营第 182 厂设计所强度室参加工作。历任
中国航空工业集团第 603 研究所助工、工程师，中航第一飞
机设计研究院工程师、高级工程师，上海飞机设计研究所结
构设计研究室主任。2008 年，任中国商飞公司 C919 大型客
机副总设计师。

静力试验前，周良道与现场工作人员交流

飞机的结构强度性能主要是指飞机结构承受载荷和耐受环境的能力，包括强度、刚度、稳定性、耐久性、损伤容限、完整性、可靠性和耐环境能力等。通俗地说，结构强度性能就是一架飞机的体能。

从 2008 年开始，C919 大型客机副总设计师周良道和他带领的机体集成团队，十年如一日，扑在 C919 飞机结构强度设计、分析工作中，创新运用第三代铝锂合金、3D 打印技术、千万节点高精度有限元等新材料、新工艺、新方法，在确保安全的前提下，让 C919 突破了一个又一个"体能"极限。

繁琐而又漫长，这是结构强度工作的特点

一个阳光灿烂的午后，笔者走进周良道位于中国商飞公司设计研发中心的办公室,他正忙着接电话。看情形,应该是正在与同事沟通有关欧洲航空安全局(EASA)目击 C919 某项试验的事儿。看到笔者敲门,周良道微笑着点头,示意笔者先坐下等一等。

10 分钟后,周良道挂掉电话,快步走过来和笔者握手:"抱歉,让你久等了。正好有件工作上的紧急事情,必须赶快沟通好。"原来,周良道和他带领的机体集成团队,最近正忙着和中国民航局(CAAC)、EASA 沟通有关 C919 大型客机 2.5g 极限载荷静力试验的准备工作。

同美国联邦航空管理局(FAA)一样,EASA 也是国外民用航空适航审定领域的主流机构之一。通过 CAAC 的型号合格审定,是 C919 飞机进入航线运营的首要前提。而通过 EASA 的型号合格审定,对 C919 飞机未来走出国门、飞向世界具有重要意义。2016 年,C919 申请了 EASA 的型号合格证(TC)。

2017 年 12 月上旬,CAAC 与 EASA 在欧洲草签了《中欧民用航空安全协定》及其适航审定附件《中欧双边适航协议》。根据草案,中欧将全面认可或接受对方的民用航空产品,只是在认可审查介入程度方面,由于双方技术评估工作进展不一致等原因,可存在一定差异,具体实施程序将由 CAAC 与 EASA 共同制定。这为我国审定批准的国产民用航空产品获得欧洲适航认可创造了有利条件。

"中国商飞和 EASA 的沟通由来已久。从我们的经验上看,这些欧洲的适航专家们非常专业,提出的意见对我们很有启发,他们对 C919 的适航取证工作保持着比较客观的态度。"周良道透露,预计在 2018 年 5 月,EASA 的适航代表将到中国来现场目击 C919 的 2.5g 极限载荷静力试验。"从 2017 年首飞之后,我们就一直在忙着做后续适航取证试验试飞的准备工作,前天还干了个通宵。在 EASA 的适航审定方面,目前,试验准备和双方的沟通工作进展都比较顺利。"

听到这里,笔者忍不住打断话头问道:"C919 首飞之前,整个团队一直在加班加点。首飞之后,大家都觉得能松口气了,怎么你们还是这么个加班加点的状态?"

"机体团队的工作主要是结构、强度,是飞机研制的一项基础工作,工作性质就是繁琐而又漫长。"周良道这样解释,机体是整个飞机的基础平台系统,既要为乘客、机组提供一个舒适的环境,也要为系统、设备提供一个合适的环境。机体的工作千头万绪,牵扯到结构、强度、系统等方方面面,仅涉及的标准件就有 2 000 多个模块,数量达到百万级。

机体团队工作的第二个特点,就是跨度长,几乎贯穿了飞机全生命周期。比如设计优化时,减重是一项长期的工作,而机体结构重量又占到全机的30%,不断采用新材料、新工艺、新方法来减重就成了机体团队的一项永恒的课题。而跨度最长的当属全机结构疲劳试验,试验周期动辄数年,对于设计和试验实施都是一个严峻的考验。

"机体结构工作第三个特点是,虽然相对比较成熟,但也很需要创新。C919 的机体结构,是我们机体集成团队从头到尾一份文件一份文件,一个报告一个报告,一笔一画地设计出来的,从设计到制造再到验证全都是由我们团队完成。"周良道自豪地说,"但是我们也不是光'吃老本',为了保证 C919 在国际市场上的竞争力,我们给自己加压,想尽办法来创新,用了许多新的材料、新的工艺,这也带来了许多新的挑战。我的一项工作重点,就是不断在成熟和挑战之间找平衡,在保证 C919 安全性的同时,最大程度地提升先进性。"

2.5g 极限载荷静力试验时,"安静"得只能听到自己的心跳

周良道所说的 2.5g 极限载荷静力试验是怎么一回事儿呢?

静力试验被称为飞机的"体能测试",测试科目多达数十项,就是让飞机在地面状态下,模拟在空中飞行时的受力情况,来验证飞机在空中到底能承

受多大的力量。静力试验是飞机研制过程中进行飞行试验和设计定型的先决条件之一。

静力试验以飞机首飞为节点,分为两个主要阶段。首飞前完成操纵系统和结构功能验证试验、部分载荷包线情况限制载荷试验,以及发动机、起落架等高载试验。首飞后完成其他限制载荷试验和必要的极限载荷试验,最后根据需要完成破坏试验。

20 世纪 40 年代以前的静力试验,往往采取将飞机仰置,用铅粒或砂粒装在袋中以模拟机翼分布载荷,用铁块吊在绳索上模拟集中载荷,方法简陋。后来又改用电动机械加力器或液压作动筒和千斤顶加载。随着技术发展,如今计算机控制的电动液压伺服系统进行全机协调加载,试验数据的可靠性今非昔比。

C919 大型客机的静力试验任务,主要由 C919 项目机体集成团队和中国飞机强度研究所合作完成。2016 年 4 月,C919 飞机 10001 架机从中国商飞总

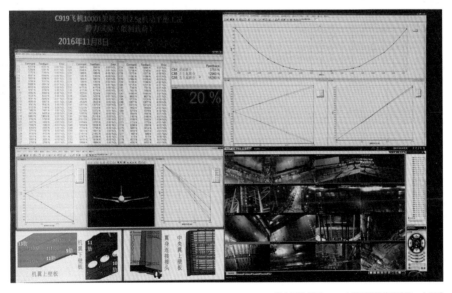

静力试验是对 C919 大型客机结构强度的一大考验

C919 大型客机全机 2.5g 极限载荷静力试验现场

装制造中心浦东基地转场至"隔壁"中国飞机强度研究所上海分部的全机静力试验大厅,踏上"折磨"之旅。

在高大、宽敞的大厅中央,C919飞机10001架机被大大小小的"∏"形杠杆包围。杠杆之间环环相扣,形成一个钢质的网。这种沿袭了几十年的杠杆系统,简单又实用,能够模拟机身、机翼、尾翼上的载荷,也能通过杠杆跨度和间

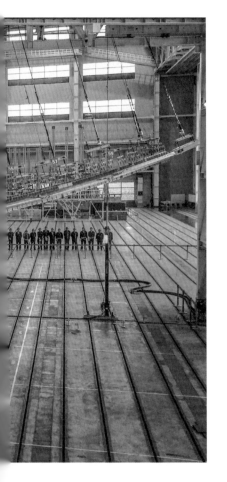

距的差异,实现不同部位大小各异的作用力。杠杆通过液压作动器加载,在计算机的控制下,向静力试验机精确输出需要的载荷。

全机稳定俯仰 2.5g 极限载荷静力试验是飞机所有适航取证科目中难度最高、风险最大的项目之一,周良道和他的团队曾经在这方面遭遇过重大挫折,历经 7 个多月的攻坚才得以过关,但这段艰难的研制经历成了 C919 大型客机研制的宝贵财富。

2016 年 11 月,C919 飞机 10001 架机迎来"出生"以来第一次最严酷的考验——全机 2.5g 极限载荷静力试验。周良道和机体集成团队也同飞机一道,走进了"考场"。

尽管早在 10 个月前,机体集成团队就已经开始着手准备这次考验,并且通过千万节点精细有限元分析等手段对试验进行了反复的模拟验证,但到了真正走上"考场"的这一天,周良道仍然"紧张到只能听见自己的心跳":"我是直接责任人,说不紧张那是骗人的。"

周良道回忆起全机 2.5g 静力试验的情景:试验大厅里,心爱的飞机被"五花大绑",两侧的大屏幕显示着飞机载荷、应力、应变情况。试验前,他还专门蹲到飞机跟前,用手轻轻拍一拍飞机的肚子。试验开始,大厅里很快充斥了设备、作动器低频运转的嗡嗡声,让人心里很难淡定。同时现场开始播报加载情况,每 5% 报一次数。随着载荷加高,机翼开始不断向上翘起。

"眼看着大屏幕上飞机载荷、应力、应变三条数据线越拉越高，我的心跳好像也随之越来越快。耳听着'75%、80%、85%……'一点点往上的报数声，感觉每一声都报到了我心坎上。"周良道讲道。

90%……95%……，飞机翼梢已经向上翘起超过2米！

100%！所有的液压系统嗡嗡声、报数声、读秒声似乎都从周良道两个耳朵里消失了，四周一片安静，就只有他自己咚、咚、咚的心跳声越来越响亮，握紧的双手手心开始出汗。

"保载3秒，好像没多久，又好像过了很久，控制室说道保载时间到，开始卸载！这个时候，抬头再看一看大屏幕，试验预测的应变和实测的应变相当的吻合，这个时候我就真正地平静下来了。"周良道这样描述这一场惊心动魄的2.5g静力试验的尾声：这个时候，你不想说话，就想静静地坐一会儿，静静地再看一会儿。过了几分钟，有人过来和你握握手，拍拍肩，拥抱一下，但是也不说话。大家好像约好了似地，都只想静静地享受一下成功的这一刻。

"这种感觉和2017年4月1日完成的C919飞机翼身组合体静力破坏试验类似，后者是C919全机静力试验的探路者，已经圆满完成了它的使命，在4月1日那一天迎来了生命的高潮，在预计的载荷水平、预计的部位以预计的方式发生了机翼机构破坏。"周良道说，"作为结构强度设计师，最激动的就是做这种全机级的破坏试验，最希望的就是在做破坏试验时，在预想的时间听到机体结构破坏时'轰'的那一声，那一声是对整个机体集成团队设计理念、设计方法、设计标准、测量方法、应急措施的集中考验。""轰"一声不能来得太早，载荷没有达到预期机体结构就发生破坏，说明强度没有达到要求；"轰"一声也不能来得太晚，载荷超过预计的点，机体结构仍然没有被破坏，说明设计得过强，反言之则经济性较差。"在该'轰'的时候'轰'，是真正体现我们设计、制造以及试验的水平的，翼身组合体破坏试验，在预想的位置，在预期的时间，按照预测的模式，准时发出了那一声'轰'，说明我们在结构强度的安全性、经济性上实现了预期的目标。"周良道认为。

如何在该"轰"的时候"轰",周良道心里一直很有信心,这个信心来源于这些年分析能力的长足发展,这些能力里面,最值得称道的是千万节点的有限元分析技术。2012 年,在 C919 项目的推动下,中国商飞上海飞机设计院成立了国内第一家有限元仿真室,开始策划创建百万节点高精度有限元模型,并于 2013 年建设完成。2013 年开始,海外人才、中央"千人计划"专家李三平博士,"百尺竿头更进一步",带着团队用了几年时间艰苦攻关,终于成功创建了一个千万节点的高精度有限元模型。目前,C919 大型客机有限元模型已经做到 1 500 万个节点,达到国际领先水平,把飞机上每一颗铆钉都囊括其中。这些技术的实现过程,不仅仅是将网格细化,更多的是对于每一个设计细节在有限元分析时的取舍和等效,而现在这项技术,已经在 C919 的各项试验中得到了验证。

2018 年 5 月,EASA 将和 CAAC 一起,第一次委派适航审查代表,到上海来现场目击 C919 的全机 2.5g 极限载荷静力试验。

周良道坦言,这将是中欧民机适航领域的一件大事,心里是有底,但现场的紧张恐怕在所难免。"我们团队现在主要是在梳理风险点,制定应急措施。团队这几天都在反复地查图表、查报告、查状态,分析每一个试验状态和设计状态,把这两者的差异找出来,把可能的风险点排序,把最主要的 10 个风险点找出来反反复复地查,确保试验一次成功。"

一个机舱充压疲劳试验工况,可能需要做一年

如果说 2.5g 极限载荷静力试验像是一场惊心动魄的百米冲刺,那么全机结构疲劳试验更像是一场马拉松。

"全机疲劳试验最大的特点,就是周期非常长,一个试验就可以长达几年甚至十几年。在这么长的试验期间,国内外适航当局可能会有新的适航要求,

这也给疲劳试验增加了一些新的变数。"周良道透露，比如广布疲劳损伤，就是新加入适航条款的一项要求。按照以往的适航要求，全机疲劳试验只需要做两倍疲劳寿命试验，由于广布疲劳损伤可检性较差，根据最新的适航要求，现在则需要做三倍疲劳寿命试验。"别小看这新加上的一倍寿命，事实上给我们增加的工作量可远远不止一倍。因为全机疲劳试验越往后，结构上的微小裂纹就会越多，出现广布疲劳损伤的可能性就越大，而广布疲劳损伤是非常难以检测的，这使得整个试验的难度大大提高、周期大大延长。为了确保飞机满足适航条款，确保安全性，这些要求必须不折不扣地得到落实。"

据悉，在 C919 项目上，全机疲劳试验还没有正式开始，但相关试验规划的编制、试验方法的探索、试验条件的建设早已经开始。目前，全机试验方案已经过论证和评审，试验任务书、载荷谱、验证规划、试验机装机要求和制造附加要求等相关报告都已经完成。

周良道和他的团队眼下在全机疲劳试验方面的主要任务，就是要在确保效果、确保安全的前提下，尽可能地缩短 C919 疲劳试验的周期。"C919 大型客机举国关注、举世瞩目，我们团队一直面临着比较大的进度压力。吴光辉总设计师对我们团队也提出了明确的要求，确实难度很大，我们正在朝这个目标努力。"

优化的内容包括 C919 全机疲劳试验的载荷谱简化、试验加载方式、裂纹监控手段、故障处理程序等各个方面。比如飞机机舱充压疲劳载荷的施加，机体集成团队就大胆尝试了新的试验方法。

众所周知，随着海拔高度的增加，空气会越来越稀薄，气压下降，温度也下降。在海拔 4 000 米以上，人就有较严重的缺氧表现。到了海拔 6 000 米，空气密度仅为海平面的 53%；人体假如暴露在这样的环境中，能维持有效知觉的时间仅仅 15 分钟。而飞机的巡航高度通常能达到 10 000 米，为了确保飞行机组、乘客的安全与舒适，就必须在起飞爬升时给飞机机舱增压，增压后的机舱环境一般相当于海拔 2 400 米左右的大气环境。

在飞机起飞或降落时,由于存在着近 2 400 米高度差所导致的气压变化,乘客往往会感到耳朵内鼓膜不适甚至疼痛,可以通过反复张嘴闭嘴、或者嚼点口香糖,使耳鼓膜内外的气压平衡,以减轻这种不良反应。

"有人可能会问,既然 2 400 米海拔的环境还是会让乘客不适,为什么不直接加压到和海平面一样的气压呢? 这其实就相当于给我们机体集成团队出了个大难题。"周良道继续解释,"机舱内部气压如果比机舱外部气压高出太多,会对全机结构产生非常大的压力差,这对于结构强度会是个很大的考验,也不符合经济性的要求。所以,国际民机主制造商在这方面的选择基本一致,就是 2 400 米海拔。"

一架飞机的寿命仅以 20 年计算,"一生"中大约也会有 3 万次以上的起飞降落,也就意味着机舱要经受 3 万次以上的充压泄压。为了确保安全,在飞机研制阶段,这 3 万次的充压泄压,就必须在地面经过验证。

"在之前的型号中,充压循环载荷每天只能施加 100 次左右,也就是说,仅这一个试验载荷情况的施加,就需要大约 300 天时间才能完成,这将很难满足 C919 研制节点的要求,而充压载荷仅仅是全机疲劳试验上百种载荷情况中的一项。"周良道介绍,目前团队除了在试验硬件方面进行了一系列改进之外,也借鉴了国外的经验,将飞机两边舷窗都做成通气孔,一边用于充压,另一边用于泄压。同时和强度所一起研究,引进了一些自动化检测设备,以提升疲劳裂纹的检测效率。"我们希望在吸收这些年 ARJ21 飞机全机疲劳试验经验的基础上,进一步优化 C919 的全机疲劳试验,提高试验效率,缩短试验周期。"

攻关防鸟撞设计,创新、创新还是创新

2016 年,一部名叫《萨利机长》的美国大片在全球热映。影片由奥斯卡

最佳男演员奖获得者汤姆·汉克斯主演,很好地还原了 2009 年全美航空 1549 号航班迫降事件中航班机长切斯利·萨利·萨伦伯格的真实英雄事迹。这个 1549 号航班,正是因为在起飞过程中遭遇飞鸟撞击,导致两个发动机全部失去动力,从而发生了险情。

正如影片所呈现,鸟撞事故,正在日益威胁民用航空安全。飞机虽然号称"铁鸟",但在高速飞行情况下与飞鸟相撞,仍然十分危险。据不完全统计,仅 1960 年以来,世界范围内由于鸟撞事故至少造成 78 架民用飞机损失、201 人丧生。鸟撞现已被国际航空联合会定位为 A 类空难。抗鸟撞设计,成为现代民机适航取证的一个"硬指标"。

中国民航鸟击航空器事件分析报告显示,飞机上最容易受鸟撞击的地方集中在机头、发动机、机翼 / 旋翼、雷达罩、平尾和垂尾等部位,其中,比例最高的部位是发动机,达到 37.21%。受发动机结构、部件和运转特点的影响,一方面飞鸟很容易飞入其中,另一方面飞鸟也有可能被动吸入里面。

鸟撞试验的目的有两个:一是检验飞机上易受飞鸟撞击部位的结构抗鸟撞能力;二是测量撞击过程中有关应变、位移等数据,为设计师抗鸟撞设计分析提供数据支持。

鸟撞试验的做法,国内外并无二致。试验前将"鸟弹"预先放置在炮管里,通过高压气罐对其施压,待压力能够达到使"鸟弹"以飞机巡航速度发射出去时,打开阀门,高压气体就会推动"鸟弹"在炮管里滑行,直至离开炮口,飞向固定在试验台上的试验件。鸟撞试验的整个过程快到只用 25 毫秒就可以完成,比人眨一下眼睛的速度还要快。

"和 ARJ21 飞机相比,C919 飞机的鸟撞试验更加复杂。主要是因为,C919 结构上复合材料用量大了许多,比如垂尾、平尾、前缘、襟翼这些都采用复合材料。复合材料和金属比较,鸟撞影响参数要多得多,这样底层的试验量会明显增大。"周良道说,复合材料鸟撞在国内属于比较新的领域,缺少数据积累,也缺少适航经验。考验团队的,既有飞机本身的安全性,也有团队对于试验标准、方法的理解和探索。

为了应对这些考验,团队首先通过数据计算、分析的方法,来模拟真实鸟撞试验的过程,也就是"鸟撞仿真"。团队希望通过全面的鸟撞仿真,寻找出鸟撞最危险的部位,作为物理试验的撞击点,同时还能在物理试验前预估试验可能出现的结果,从而缩短试验周期,降低试验成本,有助于高效确定合适的设计。

"鸟撞仿真中最值得一提的是我们应用的'精细动力学有限元'。"周良道告诉笔者。

相对与常规的有限元内力分析,鸟撞动力学仿真的难度更体现在"动力学"上。对于鸟撞这种大变形、非线性动力学分析来说,有限元网格的类型、尺寸、分析时所用的参数等都有其特殊的要求。例如,对于复合材料结构抗鸟撞动力学分析,需要输入 100 多个参数才能得到仿真结果,而这 100 多个参数之间的相互耦合以及网格尺寸大小之间的影响,使得鸟撞动力学仿真分析难度十分巨大,据了解,国际上的竞争对手也面临同样的问题。面对如此巨大的技术难题,团队采用逐级分析、逐级验证的方法,踏踏实实,最终获取了复合材料鸟撞动力学仿真分析方法。使用这个方法能够准确预计鸟撞试验结果,为 C919 飞机相关部位抗鸟撞设计奠定了技术基础,节省了大量周期和经费。

同时,团队还积极在结构设计上进行大胆探索创新。比如在 C919 机头的抗鸟撞设计上,主要采用的是刚度匹配设计,即通过优化材料的刚度分布来改善机头抗鸟撞能力的设计方法。此外, C919 机头还采用了承载式风挡,风挡玻璃也能参与机头的载荷传递,这也大大增加了机头的抗鸟撞特性。C919 尾翼则采取了蜂窝夹层结构与辅助梁组合的结构形式。一方面通过蜂窝夹层结构达到减重的目的,另一方面通过辅助梁最大化地吸收鸟撞的能量,可谓一举双得。即使与目前国际主流机型相比,C919 的尾翼结构形式也可以说是一项重大技术突破。

试水 3D 打印，让 C919 在同行中走在前列

周良道的办公室里，放着两件"宝贝"。其中一件，就搁在他办公室一进门的小茶几上，乍看去像是飞机上的一个部件，灰不溜秋，毫不起眼。

"几乎每个第一次到我办公室来的人，都会问我，这是个啥东西。"周良道笑着拿起这件"宝贝"，向笔者介绍，"这其实是一个钛合金的 3D 打印件，是江苏一家外资企业跑过来推销技术时留下的。"

3D 打印技术是快速成型技术的一种，是以数字模型文件为基础，使用特制的 3D 打印机，运用粉末状金属或塑料等可黏合材料，通过逐层打印的方式来构造物体的技术。

3D 打印也是"中国制造 2025"国家战略的重要组成部分。我国目前在 3D 打印研究方面处于国际前列，如论文和申请专利的数量处于世界第二。在应用方面，我国工业级设备装机量居世界第四，但金属打印的商业化设备及国产工业级装备的关键器件还主要依靠进口。工业级 3D 打印材料的研究也是刚刚起步，材料基本依靠进口。

在航空领域，国际民机主制造商正在致力于 3D 打印技术的探索与应用，例如在座椅、行李架等非主受力结构上，已有不少成功的应用。

周良道一边介绍，一边指着 3D 打印件给笔者比划："你看，它这个掏空的位置按照传统的加工方法，肯定是没法进刀的，加工起来会非常复杂。但是 3D 打印就简单了，一层层往上'印'就行了。我认为，和传统车镗钻铣切割等减材制造技术不同，3D 打印技术可以用'无中生有'四个字来形容，能够大大减少原材料的浪费，大大提高生产效率。更重要的是，给我们结构强度的设计思路带来了堪称颠覆性的启发，包括在减重的效果上。"

C919 项目中的 3D 打印技术探索由来已久。早在 2013 年，就有媒体报道，

C919 长达 3 米的翼身对接肋缘条就是用 3D 打印的钛合金结构件。中国商飞公司与西北工业大学合作,应用激光立体成形技术解决了 C919 钛合金结构件的制造问题。除了 3D 打印中央翼缘条,C919 还装载了 28 个 3D 打印钛合金零部件,分别应用在前机身和中后机身的登机门、服务门以及前后货舱门上。

3D 打印技术的应用,可以让 C919 项目受益匪浅。从理论上讲,在结构设计方面,可以在三维数模设计完成后,用 3D 打印技术实现原型快速制造,大大缩短结构设计验证周期。特别是在未来构型飞机的探索工作中,采用 3D 打印技术可快速制造出新构型模型,快速地进行结构性能验证与修改,甚至进行吹风实验。在制造方面,3D 打印技术在模具制造、工装制造与修补等领域,也有着广阔的应用前景。在客服方面,3D 打印技术也可以在工业设计、紧缺件制造和维修等方面有所实践。

"从实际效果看,C919 的翼身对接肋缘条、舱门导向槽、环控 SCOOP 等 3D 打印应用效果都非常出色。当然,我们所有的创新,都是以安全为基准。"周良道坦言,在 C919 上搞 3D 打印,绝不是心血来潮,更不是哗众取宠。"中国大飞机要想在竞争日趋激烈的国际市场上趟出一条道路,创新是必不可少的手段。通过 3D 打印的探索和实践,我们和局方一起,走出了一条 3D 打印在民机设计、制造、适航取证上的道路。更重要的是,使得我们在民机 3D 打印领域方面走在世界前列,大大开阔了我们的设计理念和思路,为我们追赶对手提供了更多可能。"

26 年攒下一堆堆笔记本,成了副总师的"宝贝"

周良道办公室里的另一个"宝贝",藏得可就深了。

还得从周良道 1992 年从清华大学硕士毕业在陕西飞机制造公司下属的国营 182 厂开始工作说起。

刚到厂里，先后在西北工业大学、清华大学学了 7 年固体力学的周良道完全傻了眼。"分配给我的工作是搞'运 8'的强度分析。学校里一直都是搞个假定的结构在那里计算分析，我那时候对真实的飞机几乎一无所知。"

好在有一位热心的老师傅带。"说是老师傅，其实就是一个部门的老同事。有关飞机设计、制造、维护，我除了平时看书恶补，就是跟着老师傅到车间转，听老师傅讲，跟着老师傅一起做好笔记。"从那时候起，周良道就慢慢养成了习惯，手里总是拿着个小本本。工作中遇到的每一个问题，自己对工作的思考，都会拿笔在小本本上一五一十地记下来。26 年来，周良道的这个习惯不曾改变。26 年积累下来的笔记本，他也原封不动地保存着。

"参加工作以来，只要不涉密的本子，我都保留着，大部分在家里，小部分放在办公室。"周良道一边说，一边打开书柜。数十本厚厚的笔记本，在书柜里码得整整齐齐，堪称周良道的另一个"宝贝"。

周良道回忆，这个记笔记的习惯，即使是在 2016 年至 2017 年上半年 C919 首飞攻坚最忙碌最煎熬的时候，他也没有搁下。

"其实不光是首飞冲刺，我们团队的工作一直都是没日没夜，总是沉浸在各种各样的压力之中，有进度的压力，有技术的压力，有拦路虎的压力。有的问题还相互交织，始终把人牵着走，反正人脑袋里面都是事儿。"周良道笑言，好记性不如烂笔头，在这样的工作状态下，笔记本自然成了他的好助手。

忙碌是 C919 团队工作的常态。在 C919 冲刺首飞那段最忙碌的时间，周良道和同事们一起，一直坚守在飞机旁边，奋战在总装基地、试飞基地无数个灯火通明的深夜里。一次，团队在例行检查中发现了飞机结构上的一个问题，局方审查代表也提出了明确的要求。而且，这位代表第二天一大早就有因公出国任务。为了不让进度在机体集成团队手上耽误，周良道带着团队在总装现场干了个通宵，对问题的原因分析、后续措施计划等充分研讨，终于赶在天亮前形成了一个成熟的方案。方案一定稿，周良道就打印成册，让同事准备一辆车，随手拿上一罐酸奶当成早饭就往浦东机场赶。总算是赶在局方审查代表登机前，把整个方案作了一个详细的介绍，得到了代表的充分认同。

"拿酸奶当早饭我还真没觉得有啥不合适，其实我能记得吃早饭已经算不错了。的确，当时用电话应该也能把这个方案说清楚，可我还是觉得打电话总不如当面沟通方便。反正我们总装基地离浦东机场也不算太远。"周良道开玩笑说，"家里领导对我意见很大的地方，就是老忘记吃饭，倒没有抱怨我成天忙着工作，在家里当'甩手掌柜'。"

在机体集成团队，也有年轻人喜欢叫周良道"道总"。从这个略带调侃的称呼，也能看出大家对周良道这位团队带头人的尊重和喜爱。"我们团队下设17个2级团队、48个3级团队，一共640多号人，大部分都是年轻人。"说起团队，周良道满是赞许，"我很幸运，我的年轻同事们都很有上进心、责任心，也敢于担当，做事认真负责，遇到困难从来不会绕着走。我觉得和他们在一块工作是一件很幸福的事情。"

看着眼前这位憨厚的长者，谁能想到，早在2004年，为了ARJ21，他曾毅然决然地放弃了新加坡优渥的工作条件，回国投入这样一份充满挑战的工作。

为了ARJ21，为了C919，周良道们真的放弃了很多。"我们这一代人，能够生在中国大飞机'而今迈步从头越'的时代，能够投身国家的这份事业，做一些实实在在的工作，已经非常幸运。"周良道笑言，"我最大的愿望，是我们的年轻设计师们，将来能够和波音、空客的设计师们一样，下班时也能看到美丽的夕阳。"

文 / 周森浩

C919 的飞控系统是怎么炼成的

访 C919 大型客机副总设计师 赵京洲

赵京洲

C919 大型客机副总设计师

陕西富平人，1983 年从西北工业大学自动控制系毕业后进入中国航空工业集团第 603 研究所，历任操纵液压系统设计研究室副主任，中国航空第一飞机设计研究院上海分院机械系统研究室副主任、主任，中国商飞上海飞机设计研究院飞控系统设计研究部部长等职。2009 年 7 月起，担任 C919 大型客机副总设计师。

俗话说关东出相，关西出将，似乎陕西，尤其是关中人都长得比较粗犷，但出生于陕西富平的 C919 副总设计师赵京洲长相儒雅，完全是一副江南书生的模样。

赵京洲出身农村，父母都是农民，与航空工业完全没有联系，但富平离飞机城阎良比较近，经常能看到飞机在天上飞，"所以从小对飞机、对航空有点概念"。另外，赵京洲有位叔叔是西飞的高级技师，今天全称为航空工业西安飞机工业（集团）有限责任公司的西飞，是中国有名的飞机制造企业，里面有很多"牛人"，赵京洲的叔叔就是其中之一。在赵京洲印象里，叔叔回家时常常同邻居谈论航空人的故事，说某某某厉害。"其实他自己就很厉害，曾经多次出国帮人家修飞机。"现在回忆起来，赵京洲觉得，对于自己最后从事航空工业，这也许有一些影响。

虽然见过飞机在天上飞，但上大学前赵京洲并没有近距离看过飞机，也没有去过西飞，对飞机是怎么回事并不太清楚，但因为上面提到的原因，心里就认定了西北工业大学（简称西工大），高考第一志愿就填西工大自动控制系。

当时赵京洲身边的人对西工大也不太了解，有的说西工大是工业类院校，学航空应该到北京航空学院、南京航空学院；也有的说，西工大是跟北京航空学院、南京航空学院并列的三大航校之一，而且是一所很好的航空院校。一位中学老师建议赵京洲报考陕西排名第一的西安交通大学，也有邻居劝赵京洲报医学院，说毕业后当医

大飞机是赵京洲
一生珍爱的事业

生,"金胳膊银腿"的,赚钱多,而且医生是越老越值钱,但赵京洲就认准了西工大。

从西工大到603所

赵京洲是1979届应届高中生。1979年的高考是"文革"后的第三次高考,前两次都在1978年,春季一次,秋季一次,赵京洲算是"文革"后第3届大学生。

在西工大,赵京洲上的是自动控制系飞行控制专业。这个专业有两个方向,一个是飞机,另一个是导弹,赵京洲学的是飞机。那时候的西工大,课程设置专业性很强,要求学的科目也多,赵京洲学的虽然是飞行控制专业,但飞行力学、空气动力学等课程都得上。所学教材也是突出飞机特色,教材中举的例子都与飞机有关,比如学传感器的时候,就学到垂直陀螺、角速率陀螺、高度传感器等,这些知识从专业划分来说,更靠近航电专业,但飞控专业都学了。今天回想起来,这种专业训练让赵京洲受益匪浅。

不过，航空院校由于专业特色明显，就业的方向比较窄，特别是上世纪 90 年代，有一段时期航空工业任务不饱满，为了使毕业生好找工作，学校在课程设置上牺牲了一些专业性，甚至有意淡化航空特色，有些专业不再开设飞行力学、空气动力学等课程，甚至把某些航空类专业名称改成自动化。这有当时的大背景，可以理解，但也挺可惜的。2000 年前后任务又多了起来，中国航空工业有了较快发展，赵京洲注意到航空院校的专业、课程设置很好地适应了这种发展。

西工大不仅注重学生理论知识的学习，也注重学生动手能力的培养。赵京洲上学期间，学校有工厂，设有热处理、铸造、机加加工，甚至钳工等岗位，学生都有机会去厂里实习。到毕业那一年，赵京洲还去兰州 242 厂实习，那是专门搞飞行控制的工厂，赵京洲在那里实习了一个半月。

1983 年，赵京洲大学毕业，分到了西安的中国航空工业集团第 603 所。那时，603 所正在研制"歼轰 7"，赵京洲被分到实验室搞飞控试验。那段时间赵京洲印象比较深的是，刚到 603 所上班不久，就被派到北京出差了一个多月，在一个实验室里调试设备。

1988 年"歼轰 7"首飞成功之后，赵京洲继续参加系统试验，承担飞机试飞、定型相关试验任务，直到这些工作完成。1993 年，赵京洲又回到西工大攻读硕士研究生。

那时候正是中国航空工业最艰难的时候，型号任务少，设计人员工作不饱满，所以一些人调离。为培养人才，603 所的领导鼓励设计师们在工作量不饱满的情况下继续学习深造，为未来可能的任务积蓄力量。

1996 年硕士毕业后赵京洲回到 603 所，单位那时候工作量不饱满，需要部门想办法做民品、创收。当时，所里有几个型号任务，包括"运 7-200A"、"运 7-200B"，也就是后来的"新舟 60"项目，还有 AE100 和 MPC75 等，后两个项目都只做了一些前期的工作，没有走到设计阶段。赵京洲当时参加了一部分"运 7-200B"的工作。

赵京洲 (右一) 在 C919 大型客机总装现场

当时也有些同事离职了,有的回南方或者沿海老家,也有的去了深圳。赵京洲虽然看不清楚这种状态要持续到什么时候,但没有打算离开阎良,离开飞机设计,他仍在期待。

1999 年之后,一下子忙起来了,那时候有新机型立项,开始实行"6·11"制度。所谓"6·11"制度是指一周工作 6 天,每天工作 11 个小时。"6·11"这个提法,应该是 603 所在那时候最早提出来的。当时,很多科研人员的晚饭由专人送到科研楼底下,一人发一个饭盒,吃完继续加班。有型号科研任务,大家过得繁忙又充实。

从军机到民机

2003 年,603 所和 640 所合并成立第一飞机设计研究院。当年 12 月,赵京洲被派到上海分院,加入 ARJ21 新支线飞机的研制队伍,从军机的研制转向了民机的研制。

2003 年底, ARJ21 开始正式发图。当时要在规定的时间节点内完成发图,光靠上海这边力量不够,需要从阎良调一些人进行加强,于是院里就派他们过来。

赵京洲过来的时候,计划是在这里干一年,完成任务后再回去。来之前,赵京洲知道这边的工作与阎良不同,要和国际供应商合作,有些挑战性,"但对我来说也是一种学习"。赵京洲说。

一年之后,上海这边的工作还需要继续支持、加强。就这样,随着对 ARJ21 工作的深入,做的事越来越多,也就越离不开了。当然对赵京洲来说,"从事同样的专业,既然项目需要,就应该继续干。一方面这里头也有一些不同的技术,需要积累提升,另一方面 ARJ21 是我国第一款具有自主知识产权的喷气式客机,能参与其中也是一种幸福,所以就这么干下来了"。

在上海分院,赵京洲被任命为 ARJ21 团队机械系统室的主任。当时,系统室有两个,一个是机械系统室,另一个是电子电气室。机械系统包括飞控、液压、内饰、防火系统、环控等子系统。

赵京洲在 603 所主要是做军机,到上海之后就转做民机了。军机和民机的区别,最主要的是各自依据的标准不一样。军机有军机自己的标准,民机的标准大家都知道,就是适航条款。而且,民机的开放度更高,民机要取中国民航局 CAAC 证,首先要满足中国民航规章第 25 部的要求,同时,美国联邦航空局（FAA）、欧洲航空安全局（EASA）的标准要求也会对设计师带来影响。在设计的过程中,设计师们会自觉对标那些标准进行设计。

拿飞控系统来说,民机和军机的区别,一个是民机首要考虑它的安全性、舒适性,而军机着重考虑作战性,比方说军机爬升的过程过载很大,这对民机乘客来讲,一般都受不了。这就对系统设计提出了不同的要求,比较来看,民机要考虑的因素更多。

另外，民机在具体技术上，和国际主流的系统技术比较接近，民机所采用的飞控系统，从部件的选用、系统的实现、软硬件的结构，甚至一些设计的理念，跟国际主流民机系统基本一致。

而军机的技术各个国家的区别会比较大，虽然在发展过程中也会互相影响，但军机在国际合作上会受到一些限制，所以军机的很多技术细节及解决方案是按照各个国家自己认识到的规律去做的。

此外，民机在研制过程中一定要按照国际上通行的规则做，否则供应商就不会跟你合作。如果你想赶进度，把国际通行规则中的某一步省略，那肯定是不行的，首先供应商就不会认可你。另外，你的需求必须十分明确，而且每一步都要得到确认，你不确认供应商就不会进行下一步。

所以对飞机设计师来说，从军机转到民机，首先是要转变观念，加强对适航条款的理解。尽管当初在搞军机的时候，也接触到一些适航方面的要求，但毕竟对适航条款的理解是局部的，也不很深入。赵京洲开始参加 ARJ21 项目的时候，几乎每个星期、每个月都要跟审查代表在一起开交流会、审查会、讨论会，对着适航条款检查，或者评估设计师在设计过程中对适航条款的理解程度。

这是赵京洲转向民机之初一个印象比较深刻的地方。"我当时的想法就是必须把这些概念建立起来，而且得尽快建立起来，"赵京洲说，适航条款很复杂，它的要求到现在为止也还需要花大量的时间不断地学习、理解。

从 ARJ21 到 C919

2002 年 4 月，国务院批准 ARJ21 新支线飞机立项。那个时候，大家都知道她对全球民机产业是个机会。当时是"9·11"之后不久，无论是民机制造业，还是民航运输业，都受到了较大的冲击，民机产业比较萧条。因此中国决定研制 ARJ21 的消息一传出，国外的供应商就积极响应，表示愿意风险共担，跟中国一起研制这款飞机。

当然，不仅国外供应商觉得 ARJ21 是一个机会，国内民机产业界更觉得是一个好机会，尤其对机载系统而言。虽然那时候机载系统都是国外在做，但是作为主制造商，我们过去和国外的合作是受到限制的，现在国外供应商抢着要求合作，当然是件好事。所以赵京洲对于能参与到这个平台上来，是很高兴的。

2008 年 5 月，中国商飞公司在上海成立，之后的六七月份，就开展 C919 的联合论证，国内很多院校和研究所参加。那时候赵京洲还在做 ARJ21 项目，听到 C919 项目发出的"集结号"，就加入了 C919 项目。

2008 年 11 月，ARJ21 首飞成功。之后，赵京洲逐渐把精力从 ARJ21 转到 C919 上，因为 C919 跟供应商的联合概念设计已经开始。"从 ARJ21 转过来是组织的安排，那时候 ARJ21 已经进行了大量的铁鸟试验、机上试验、工程模拟器试验，即将全面进入飞行试验。"赵京洲说。

赵京洲是在 2003 年 12 月加入 ARJ21 的研制队伍，到 2008 年 11 月 ARJ21 首飞，刚好是 5 年时间。对于一款民机来说，这是一个很重要的阶

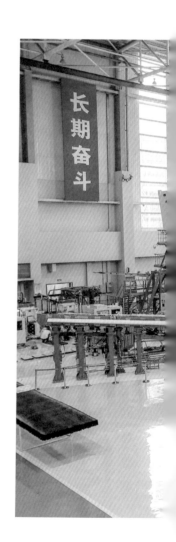

C919 大型客机铁鸟试验台外景

段,对于赵京洲个人来说,这 5 年也是一个很有意义的阶段,不仅从军机转向了民机,而且参加了中国第一款喷气式客机的研制,所以从心理上来讲,赵京洲对 ARJ21 是很不舍的,转向 C919 也是服从组织的安排,同时,赵京洲兼任的 ARJ21 飞控系统设计研究部部长一职,到 2012 年 9 月才卸任,所以后续的几年赵京洲仍然关注着 ARJ21。

难度最大的系统

从 ARJ21 到 C919,赵京洲的工作内容也有些变化。ARJ21 系统团队比较大,涵盖的专业多,所以赵京洲的工作内容比较多。到了 C919 项目之后,赵京洲的主要工作是飞控液压、铁鸟试验和工程模拟器试验等工作。

C919 的飞控系统比较先进,采用了先进的连杆作动系统,总线控制的灵巧作动器,把远程控制电子跟作动器装在一起,通过一个总线,就控制了作动器。这是一种分布式的控制系统,相对以前的飞机设计来说,可以减少很多线缆。

C919 是放宽了纵向静稳定度的飞机。飞机的静稳定度靠飞控系统控制保证,这样可以有效减轻飞机重量,改善飞机性能。但是这会对飞控系统提出更高要求。过去机械操纵的飞机是用机械操纵机构操纵飞机实现飞行,但那只能实现飞行,而不能改善飞机性能,现在的飞控系统则不仅要让飞机实现飞行,还要改善飞机的性能。

飞控系统是飞机机载系统里面最为复杂,也是设计难度最大的系统之一。如果仅仅说复杂的话,那么其他系统,如航电也很复杂,但飞控系统是跟飞机结合最紧密的,是对飞行安全影响比较大的一个系统,因而它的难度也是最大的。

这种难度大反映在它没有货架产品,也就是说不可能把成熟的部件直接拿来稍作改动就可以用,每一款飞机的飞控系统都必须是量身打造的。可以这么理解,飞控系统跟飞机的总体、气动布局关系非常密切,很多设计的输入、依据都是来源于总体、气动的需求。同时,它与飞机的结构关系也很密切。因为它是直接控制飞机各个活动面的,必然会受到载荷、气动的影响。此外,飞控系统也跟其他机载系统,比如液压、电源、航电、起落架、刹车,还有自动飞行、自动着陆功能,以及边界的保护、防冰等其他机载系统,都有很密切的联系。

因此,这个系统难就难在它有这么多的全机交联,你要定义大量设计数据和参数,而定义这些数据又依赖于飞机的总体、气动和结构等,这种复杂的相互关系导致难度大大增加。因此,每款飞机都要专门设计飞控系统,并且必须要有飞机主制造商提供的具体设计数据或者定义的需求才能够做到。

飞控系统包括几个专业,一个是主飞控,就是主舵面的操纵,另一个是高升力,就是襟翼、缝翼增升的部分,还有一个是自动飞行系统,可以实现飞机自动飞行。飞控系统有一个功能是对系统进行监控,这是一种复杂的、多层级的监控。

目前世界主流的飞机研制模式采取的是主制造商-供应商的模式,就是把系统外包给供应商,然后由主制造商来进行集成。ARJ21、C919均采用这个模式,但C919的集成是一种更深层次的集成:包括分系统集成、分系统间集成、飞机级系统集成、飞机集成。

C919的飞控系统,主飞控由多家供应商提供产品,作动器由派克公司、中航工业618所负责,计算机、电子部件由霍尼韦尔、鸿飞等公司负责,驾驶舱操纵器件则由UTC负责。这些供应商提供系统部件,然后由中国商飞公司的设计师们集成。如果这些供应商在研制过程中出现问题或偏离,最终的解决和裁决,也是由赵京洲带领设计师团队做出评判和决定。

这些供应商把产品交给中国商飞公司以后,设计师们先进行分系统集成、分系统间集成、飞机级系统集成,再进行飞控系统和飞机的集成。飞控系统控制飞机,保证飞机的操纵性和稳定性能满足要求,能够让飞行员得心应手地操控飞机。这个得心应手不仅指飞机的反响很好,而且也包括人机界面的友好，就是说首先要方便飞行员操作，比如他常用的按键应该就在他手边，不能放在很远的地方。其次还要让乘客感觉舒适。飞行过程中飞机不能出现太过剧烈的忽上忽下的运动。如果飞机受到气流干扰，飞控系统必须能让它平缓过度，避免突然出现颠簸。

此外，系统还要和飞机机体结构实现综合集成，要确保不会出现振动的耦合，避免在某种情况下，引起飞机的抖动，或者引起机体的疲劳。

2017 年 5 月 5 日，C919 成功实现了首飞。在首飞之后，飞控系统还有很多工作要做。因为之前关于飞机气动的很多数据都是从风洞试验和理论分析计算得来的，在首飞之后，就必须测量飞机实际飞行的数据，来完善、优化飞控系统。

这些在实际飞行中测得的数据，对完善飞控系统非常重要。如果与从风洞试验和理论分析计算得来的数据相匹配，那当然最好，如果不匹配，那么设计、控制、监控都要相应更改。这也是飞控系统难度大的原因之一，就是说设计要反复地迭代。

飞控系统的监控功能不能影响飞机的安全性。这种监控高度复杂，在设计的时候，必须根据大量监控的数据在系统里事先定义好合适的监控门限，不能太大也不能太小。门限太小，会造成没有故障也把线路切断了，因而影响飞机的正常飞行；而门限太大的话，就会把故障给放过去，那就可能引起安全问题。这是飞控系统难度大的又一个原因。

C919 成功首飞后，在适航取证之前，飞控系统要按照适航取证的要求进行功能的扩展、系统的优化，最后还要去验证这些功能和扩展能否满足要求。具体的验证分两种，一是通过实验室验证，还有一种是通过飞行验证。赵京洲的团队不仅先要通过验证来评估这个系统，得出满足要求的结论，还要把这种结论展示给局方，让对方最后认可。

在验证的过程中，飞控系统的软件必须经过好几次的迭代。每一次迭代，

C919 大型客机驾驶舱特写

都要对软件的开发过程进行测试、分析、评估，得出能够安全放飞的结论，然后进行飞行验证。经过几次的迭代之后，才能进入适航取证的过程。

"C919 的进步"

中国自主研制的喷气式客机，到目前为止有 3 个型号："运 10"、ARJ21 和 C919。从试验的手段、环境和方法上来讲，ARJ21 比"运 10"有很大的进步，而 C919 比 ARJ21 又有新的进步。

这种新的进步表现在什么地方呢？一个表现是在试验的时候系统综合化程度的提高。过去只能做单个系统的试验，每个系统分开做，比如，液压试验要建一个试验台，机械操纵试验也要建一个试验台。

但是到 ARJ21 做试验时，液压、飞控、起落架、刹车等都可综合到一个试验台上完成，其中飞控还包括主飞控、高升力、自动飞行等。这种综合化程度的提高，使得在地面就能把这些系统高度交联在一起，并且不断试验、验证，不仅减少了在飞机上做试验的工作量，而且可以提前发现问题、提前解决，从而提高飞机在试验、试飞中的安全性、可靠性。

这种试验方法的提高反映了我国民机产业在设计技术上的进步。在设计的时候，这些系统本身已经实现了比较密切的交联。设计师们在设计需求、验证需求的时候，就能够用这些手段来验证，使得设计的需求可以提得更综合、更全面。这种验证方法的进步反过来对飞机设计、研制起到了非常好的推动作用，使得新技术可以得到充分运用，如果没有这种方法，很多新技术的使用就会受到限制。

那么这种地面的综合试验通过什么来实现呢？一个是铁鸟试验台，另一个是工程模拟器。ARJ21 是中国第一款使用工程模拟器进行系统开发的民用飞机。

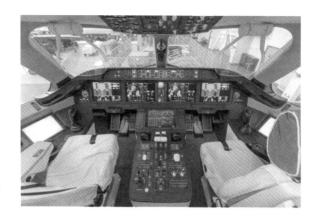

C919 大型客机铁鸟
试验台内景

赵京洲（前）深入了解
铁鸟集成试验进展

赵京洲（左）与铁鸟集成
团队探讨

ARJ21 的工程模拟器采用固定基座,而 C919 采用了全动模拟器,同时还附带了一个比较完备的综合控制台,大大提高了在模拟器上做试验的范围、速度和有效性等。

有了工程模拟器,设计师们就能够在飞机尚未生产,甚至所有零部件均未生产出来之前,就可在这个工程模拟器上让飞机"飞起来"。这是一个全数字飞机模型,所有系统都是建模模型,而这些模型建立的基准就是设计师们的设计要求。

2013 年初,C919 的工程模拟器就投入了使用。在得到风洞试验数据且相关产品生产出来后,赵京洲带领团队用得到的数据和试验件更新模拟器,修正并升级模型和系统。

C919 成功首飞后,有了第一批实际飞行的数据,赵京洲的团队再用它更新模拟器数据。这样就能保证,虽然工程模拟器是全数字飞行的环境,但是每个研制阶段都和 C919 飞机的状态保持一致。

在 C919 首飞前,机组借助工程模拟器进行了训练。模拟器不仅能让机组熟悉飞机,还能让机组提前熟悉一些特情。比如,在首飞之前,研发团队特意在模拟器上设计了一些危险科目,像双发失效。对于首飞机组来说,万一双发失效之后飞机怎么落地?这是一个很大的考验,必须在真实飞行之前经过特别训练。另外还特意设计了一些故障,比如一个舵面卡住了,飞机会有什么反应?飞行员在模拟器上训练后,到真实飞行做试验时,就能够从容面对,不容易出错。

C919 首飞成功之后,首飞机组在航后讲评会上说,飞机和在模拟器上飞的非常接近。听到这句话,赵京洲一下子感觉踏实了。

当然,研制模拟器要突破很多关键技术,中国商飞公司的设计师们需要通过数据来建模。为确保模型准确,就要获得很多数据,有一些数据是不可能从供应商那里得到的,这涉及对方的知识产权,所以赵京洲带领自己的团队来做。而一旦做出来了,就是中国商飞公司自己的知识产权了。

在总结 ARJ21 和 C919 两个项目的经验时,赵京洲觉得要好好感谢团队里的年轻人。中国民机产业曾经中断过不少年,因此出现了人才断层,所以上海飞机设计研究院的设计师团队年轻人很多。刚开始的时候,他们虽然没有经验,但基础好,又聪明,通过 ARJ21 和 C919 两个项目的磨练,成长得非常快。

所以,ARJ21 项目也好,C919 项目也罢,它们不仅是打造了一款款机型,而且培养了一支队伍,这将是中国航空工业非常宝贵的财富。

文 / 欧阳亮

塑造 C919 的『身体和灵魂』

访 C919 大型客机副总设计师　黎先平

黎先平

C919 大型客机副总设计师

出生于 1966 年 1 月，工学博士。1988 年 4 月至 2000 年 9 月，就职于南昌飞机制造公司第一研究所。2000 年 9 月至 2008 年 6 月，担任洪都航空工业集团有限责任公司 650 所副所长、副总工程师等职务。目前，担任中国商飞公司科技委委员、C919 大型客机副总设计师、C919 大型客机总体技术集成团队 1 级项目经理。

在正式采访到黎先平之前，笔者与他约了好几次时间，但每次都在最后关头被推迟了，要么是临时有会，要么是突然需要出差，弄得笔者很忐忑，心想万一黎总是那种不苟言笑的领导，采访起来可就困难了。

还好有一位同事之前曾经采访过黎总，她看我这么紧张，打包票安慰我说："黎总人很 nice 的，很好说话，不用紧张。"后来真正采访时，见他始终面带微笑，心先放松一半，又听他讲话略带乡音，一问，居然是湖南老乡，顿时倍感轻松，采访也进行得格外顺利。

从南航到洪都

黎先平是湖南汨罗人，1966 年出生，1972 年入当地小学读书，1981 年就考上了南京航空学院（简称南航），"我们那时候小学只有 5 年，初中、高中各 2 年，比现在的小孩要少读 3 年。"

黎先平出身农村，父母都是农民，家里条件比较艰苦，因此从小也没有什么特别的爱好，"就是拼命读书"。当然，拼命读书的效果也很明显，15 岁多一点的他，高中一毕业就考上了大学。在那个年代，全国大学招生人数很少，复读两三年仍考不上的比比皆是，黎先平能"一击而中"，算是其中的佼佼者了。

但黎先平不认为自己比其他人聪明，只把成绩好归功于努力。上了大学，黎先平仍然如中学一样，把大部分精力都放在学习上。"我们农村出来的孩子，突然来到大城市,想出去玩也不会玩",黎先平说,大学四年,他唯一印象深刻一点的"玩",是骑自行车去栖霞山。从今天的地图上看,南航明故宫校区到栖霞山距离21千米,骑行时间约2小时,这就算黎先平大学期间的一次远行了。

在南航,黎先平学的是空气动力学专业。"空气动力学系有两个特点,一是人少,每个年级只有一个班,且班上人数也不多,我们班是32个人。这是由实际需要决定的,在各大主机厂,气动专业不像其他专业需要那么多人。另一个特点是,学空气动力学,对数学的要求比较高,必须是数学比较好的人才能进去。"

作为农村出身的孩子,黎先平进南航学航空,并不是如有些飞机设计师一样从小就有志于航空,而是缘分——老师推荐的。老师觉得黎先平的考分够高,再加上人聪明,去学航空应该不错,就推荐他填报了南航的志愿。

南航明故宫校区的门口是御道街,街两旁种了很多高大的雪松。黎先平到南航报到时正好是晚上,看着这古老又现代的学校,心里很满意,觉得这学校不错,决心在这儿好好学习。学工科很辛苦,压力很大,甚至有同学退学重新参加高考,换所学校去读文科,而黎先平不但大学坚持了下来,还继续读了三年硕士研究生。

1988年,黎先平硕士毕业,分到洪都航空工业集团。洪都航空工业集团创建于1951年,是我国"一五"计划156项重点工程之一,创造过新中国10个第一。经过几十年的发展,洪都已成为中国教练飞机、强击机、农林飞机、导弹等产品研发、生产基地。洪都实行的是厂所合一的机制,也就是说生产厂和研究所是一个单位,而不是分成独立的两个单位。

黎先平被分到洪都下属研究所的气动组,"厂所合一的优势是决策有力,执行坚决,出产品快,其弱势则在于研究所不归航空工业总公司直管,这样,总公司有什么项目首先是分给直管的研究所,而洪都的研究所要拿项目相对就难一些,只能根据市场自己做项目,再到市场上去赚钱。当然,这样也有个好处,就是培养了洪都重视市场的文化。"

1996 年,已经在操稳组担任副组长的黎先平又回母校读博士。"我自己感觉,读博士对我影响还是挺大的。一是自己有了工作经验,读的时候能有目的地学习,学习内容很有针对性;二是那个时候我本来可以离开洪都的,我是参加统考的,考上了就脱产去学习,但当时我已在洪都工作 8 年,对洪都有了感情,那里有自己熟悉的事业、老师和同事,所以最后没有走统招的路子。"

黎先平觉得,之所以没有离开洪都,跟自己的性格有关。黎先平说,自己做事喜欢"咬定青山不放松",不喜欢频繁跳槽。当时中国航空工业经历了一段低潮,很多主机厂都没有型号,好多设计师被迫去搞民品,但洪都有事做,能有一款机型让自己参与设计,黎先平觉得就够了。"当时也有人觉得我们不敢出去,没本事,怕一出去就被"淹死",但我倒觉得,自己一直坚持做一件事,多年下来,有了积累,积累到一定程度,就能出一点成绩了,没必要跳来跳去。"

读博期间,黎先平很辛苦,因为一方面要尽可能多地学习新知识,另一方面又要承担洪都的课题,经常很晚才能睡。最后到毕业答辩的时候,导师看他特别憔悴,忍不住在答辩会上说了句题外话:"你太累了,答辩完成后要好好休息一段时间。"

但是黎先平是不可能休息的。毕业后回到洪都,他先后做过初教 6 的副总设计师、K8 教练机的总设计师助理,后来又做了高教机 L15 的技术牵头人。

K8 是我国上世纪 80 年代与巴基斯坦合作研制的喷气式教练机,后来不仅出口到巴基斯坦,还向埃及出口了总装生产线,开创了我国出口飞机总装线之先河。

K8 的总设计师是我国航空工业的老专家、中国工程院院士石屏,黎先平作为总设计师助理,从石院士那里学到不少项目管理的经验,所以后来洪都上 L15 的时候,就决定由黎先平来担任技术牵头人。

L15 是我国为培养第三、第四代战机飞行员而研制的高级教练机,与 K8、歼教 7 相比,飞行包线宽广,有第三代战斗机大攻角机动能力,在训练体系中与

其他机种衔接良好，且留空时间长，训练效费比高，具有良好的操纵品质，可靠性高，维护性好，使用寿命长，在技术上有较大突破。

作为技术牵头人，黎先平依旧记得为 L15 要不要上电传飞控系统而纠结的场景。当时，洪都没有做电传飞控系统的经验，而国内有相关经验的大型主机所自己的任务都忙不过来，不可能来帮助洪都，于是黎先平和时任所长张弘一起去航空工业 618 所，商请与他们合作。618 所实际上也没有独立承担电传飞控系统的经验，但他们很敏锐地认识到这是一个实践的好机会，于是满口应承下来。而张弘和黎先平回到洪都后，再找来国内的相关专家来论证时，有专家却提出一套保守的方案：在上电传飞控系统的同时，再上一套机械操纵系统做备份。

最终，上机械操纵系统做备份的方案被否决了，但也反映出大家在采用新技术时小心谨慎、如履薄冰的心态。

2006 年初，L15 首飞成功。这时，国产大型客机项目已在全国科技大会上被列为《国家中长期科学与技术发展规划纲要》确定的 16 个重大专项之一。中国再一次吹响了进军大型客机的号角，曾经信奉不折腾的黎先平在听到"集结号"之后，也不像以前那么淡定了，最终做出决定：加入国产大飞机事业。

为了理想和信念，黎先平离开洪都是付出了代价的。在洪都，他有自己热爱的飞机，有自己热爱的环境，但到了中国商飞公司，一切都要从头开始。黎先平是一个很纯粹的人，对他来说，重要的、摆第一位的是能干事的平台，而不是金钱、地位。

"我对人生道路的经验，就是读书、工作，不要去想其他的事，把书读好，把工作做好就行了，其他的事组织会考虑。"

C919 的市场定位

2008 年，黎先平到了中国商飞公司上海飞机设计研究院总体气动室。到达的第一天晚上，几个朋友约他一起吃饭，准备给他洗尘，结果 C919 常务副总设计师陈迎春说，吃什么饭，和我一起加班去！就这样，黎先平在上海开始了他忙碌的职业生涯的第二阶段。

要研制一款新飞机，首先要进行市场定位。对于一款新机型来说，市场定位很关键，如果这一步没做好，那么后面做得再好，也会在市场上碰壁。而对飞机进行市场定位，正是黎先平所在的总体气动室的工作。

市场定位主要是定些什么呢？通俗一点讲，就是要针对市场需求来决定飞机的相关数据，使这款飞机成为飞行员爱飞、航空公司爱买、乘客爱坐的好

C919 大型客机机头特写

飞机。

当然，还要考虑国家对这款新机型的定位，就是说国家希望这款飞机干些什么。这个是基本的要求，这个要求加上市场的需求，再加上适航规章的规定，就可以确定一款新飞机的大致的定位。

对于一款新机型来说，市场定位很关键，如果市场定位定错了，那肯定会给机型的销售带来影响。在世界民机史上，这样的失误很多，波音、空客都有过这方面的教训。

空客的A380，号称空中巨无霸，是当今载客量最大的客机。它是按照枢纽对枢纽的概念来定位的，就是说先用小型飞机把客源从周边小城市运到枢纽，再用A380把乘客送到下一个枢纽，然后用小型飞机把他们分送到各个小城市。这样一种模式，对航空公司来说效率很高，但对乘客来说，转机不仅麻烦,而且浪费时间。如果乘客都很悠闲,当然也可以,但是现在的人偏偏都很匆忙,谁愿意这样倒来倒去?当然是喜欢坐直达的飞机了。

另外,A380 太大又太重,且是双层的,机场的跑道、廊桥都得改造,这就使投资成本上升,而且改造也需要时间,所以 A380 的市场就很受限制,订单很少。

波音的 747,本来也是一款失意的机型。它原来是作为一款军用运输机来设计的,当时美国空军提出战略运输机计划,要求制造一架能够运载 750 名士兵或者两辆战车飞越大西洋的巨型运输机。因此波音研发了 747,但在后来的竞标中,747 败给了洛克希德的 C-5。幸好这时泛美航空公司要求波音研制一款比 707 大两倍的飞机,于是波音把设计改了改,投入市场,倒歪打正着,吃香了几十年。

黎先平到中国商飞公司后不久就参加 C919 的联合论证,当时联合论证的大组长是陈迎春。黎先平作为总体气动组的组长,前后花了半年时间,确定 C919 的定位,形成了设计目标。另外,总体还要和各个系统商量、讨论,把大方向定下来。比如,用什么样的电源体制,液压的压力是多少,这个压力是高压还是低压,航电用什么架构,等等。

大方向定下来之后,各个专业就开始设计。黎先平所在的总体气动专业,负责设计全机气动布局和外形、总体布置、全机性能操稳等。在机身设计上,C919 考虑到要给乘客更舒适的感受,因此机身比 A320 还要宽一点,"同样是单通道飞机,A320 比 737 宽,C919 比 A320 又要宽一点。"黎先平说,机身宽,乘客的舒适感增加了,但同时,飞机的阻力也增加了,那就要从机翼上找补回来,要设计一副阻力更小的机翼。

为设计 C919 的机翼,中国商飞公司集中了国内飞机气动专业最顶尖的 100 名专家,组成 8 个队,设计了 500 多副翼型,在计算的基础上从中选了 8 副翼型进行风洞试验验证,淘汰 4 副,剩下 4 副翼型由 4 支队伍分别进行设计。

这 4 支队伍设计完成后,再组织专家总结 4 个方案的优点,然后把 4 个方案组合成一个方案,并再次进行验证。验证结果符合预期,于是确定为现在用在 C919 飞机上的这副机翼。

不是一个简单的"壳子"

C919 首飞之后,有些人不了解飞机研制的分工合作模式,见 C919 采用了很多国际供应商的产品,就说咱们中国只是造了一个"壳子",其余都是供应商造的。

其实,当今世界上主流的飞机研制模式都是主制造商-供应商模式,主制造商完成顶层设计后再把飞机的各个系统外包出去,等供应商提供了产品之后,主制造商再把它们集成起来,这个集成本身是很难的,也是有自主知识产权的。

现在的工业产品,从大的分类来说,有两种"壳子":一种"壳子"是装饰性的,除了防尘、防触电等简单功用之外,主要的功能是美观,有没有它都不影响产品的使用。比如收音机的壳子,拿掉它,收音机照样可以使用。但另一种"壳子",它本身就具很大的功用性,而不仅仅是一个装饰性的壳子,比如复兴号高铁的车头,外行人也能一眼看出这个"壳子"比普通的火车头有创新,至少在空气动力学方面是有精心的设计。C919 的"壳子"也一样,正是国产大飞机的创新点之一。

要说 C919"壳子"的创新,得分好几个层面。首先是气动外形。对普通乘客来说,首先看到的是美不美。大家看 C919 首飞的视频,都说"九妹"很漂亮,真美。从搞总体、气动的专业来说,美的东西肯定是好的。

其次,气动力水平高。飞机的气动外形决定了其气动力的水平。气动力的水平有一个技术指标,叫巡航升阻比,C919 的巡航升阻比比在役的单通道客

C919 大型客机首架机进入机身与机翼对接阶段

机高。什么叫升阻比? 就是飞机升力与阻力之比,升力大,阻力小,飞机就飞得快,飞得高,用通俗的话讲,就是经济性好,省油。

第三个创新点是 C919 机头的风挡。C919 的风挡由 4 块玻璃组成,而且都是圆弧形的玻璃,其他单通道客机的风挡则由 6 块平板玻璃组成,787 才使用了和 C919 一样的风挡,但 787 是双通道飞机,与C919 不是一个级别的。圆弧形风挡不仅美观,在气动特性上也比平板风挡更好。

第四个创新点是机翼包括翼梢小翼的设计。机翼的设计上文已经讲过,是从 500 多副翼型中挑选、综合出来的超临界机翼。目前,国际上使用超临界机翼的飞机也不少,但 C919 的超临界机翼可以说是目前最先进的,与竞争机型相比,全机能减小约 5% 的阻力。

第五是发动机短舱与机翼的一体化设计。翼吊布局的发动机短舱对超临界机翼的气动特性影响很大,机翼安装发动机短舱吊挂后,一方面会使机翼内段上表面出现明显的气流加速区,使激波增强,阻力增大,另一方面,机翼、挂架与短舱之间的"工"字形通道内也会出现强烈的干扰。简单一点说,就是安装发动机短舱之后,会增加飞机的飞行阻力。过去的飞机设计是把机翼与短舱分成两部分分别进行设计,这样会导致两者之间的冲突,不仅在整合上需要时间,而且也会削弱机翼的气动特性,但 C919 是把机翼和短舱作为一个整体来进行一体化设计的,这样既节省了时间,也确保了机翼的气动特性。

第六个创新点是 C919 的结构强度设计。结构强度既关系到飞机的安全性,也与飞机的经济性有很大关联。因为,在用同样材料的情况下,要加强结构强度,必然就要多用材料,从而加重飞机的重量,飞机的油耗也随之加大,经济性相应降低。如何在结构强度和经济性之间取得平衡,一个秘诀是使用密度低而强度高的新材料。C919 既使用了碳纤维复合材料,又使用了第三代铝锂合金,从而在结构强度上有了新的突破。尤其是第三代铝锂合金的使用,是 C919 总设计师吴光辉院士的得意之作。

在民机研制上,中国属于后来者,与欧美之间确实存在比较大的差距,但有些人不能正视这个差距,看到别人走在我们前面,就很容易把自己贬得一无是处,不仅认为 C919 我们只造了一个"壳子",而且觉得这个"壳子"是毫无科技含量的。

这当然是一种错误的观念。

事实上,C919 不仅"壳子"含金量很高,而且机载系统也不全是国外供应商做的。当然,确实有一部分系统是由中国商飞公司提出需求,国外供应商在此需求的基础上研发产品,再由中国商飞公司的设计师们集成为系统,然后在各系统集成的基础上进行飞机级的集成。

但是,另外还有一部分系统,是中国商飞公司或中国航空工业界的兄弟企业做的。"比如,电传操纵系统的核心——控制律,就是我们中国商飞自己研发的。"黎先平说。

为 C919 塑造"灵魂"

一架飞机,如果说起落架是它的腿,机翼是它的翅膀,发动机是它的心脏,液压是它的血液,那么,控制律就是它的灵魂。既然是灵魂,那它对于一架飞机的重要性就不言而喻了。

但是,中国商飞公司在闭环控制律的研制上没有深厚的基础,之前上海研制过的民机,如运 10、MD82/90,都是机械操纵的飞机,所以没有控制律,ARJ21 用的是电传飞控系统,但那是开环控制律,而那时中国商飞公司还没成立。

也有人讲,控制律有什么难的,那么多军机上都有控制律,而且军机的控制律牛得很,甚至可以让飞机横着飞,但民机跟军机还是有区别的,民机对安全等级的要求更高,对控制律的要求也就更高,其难也就难在这里。

控制律究竟是什么呢?控制律实际上是一种逻辑,根据英文直译,就叫"控制规律"。它控制着飞机的运动,就是说飞行员在操纵杆上做一个动作,飞机会起什么样的响应,决定这两者间关系的,就是控制律。

这样讲起来比较抽象,如果拿开车来打比方,可能会比较好理解。开车的时候用什么来控制汽车的运动呢?用方向盘。司机把方向盘往左打,汽车就往左开,往右打,汽车就往右开。基本上,方向盘打多少度,和汽车转多少度之间,有一个关连的逻辑控制,但是,在高速公路上高速行驶时,考虑到紧急情况下司机会慌张,可能会因方向盘打得太急而导致事故,那时控制逻辑就会相应变化,会出现方向盘打得多但汽车转得少的情况。

飞机的控制律也是这样。过去机械操纵的时候,从操纵杆到舵面有一个直接的比例关系。但是现在控制律不是直接指令舵面,而是直接指令飞机的运动,这就不太好理解了。

飞机的运动是指什么呢? 举个例子来说,比如指令飞机的轨迹,或者直接指令飞机过载。作用在飞机上的气动力和发动机推力的合力与飞机重力之比称为飞机的过载,平飞的时候,过载是 1,军机高过载能达到 7 甚至 8。但民机绝不能有这么大的过载,否则乘客会受不了,因此民机的控制律要把飞机的过载控制在一个范围内,让飞机不像军机一样出现那么激烈的波动。实际上民机在飞行过程中,越平稳越好,越平稳乘客的感受越舒适。

要达到这个目的,设计时就要把在不同飞行阶段的控制律做好,让飞机不会出现太大的过载。再比如说,为避免飞机出事,控制律的保护设计要做好,要像高速行驶的汽车一样,即使驾驶员出现了错误操作,车子也不会翻。控制律的保护设计也是要达到这个效果,就是在紧急情况下,即使飞行员操作幅度过大,飞机也能不出大问题。

当然,飞机在飞行过程中,究竟是飞行员的操作优先,还是计算机的判断优先,目前还有不同的看法,但至少控制律要能做到这一点。

2017 年 5 月 5 日,C919 成功首飞。在首飞结束之后的航后讲评会上,试飞工程师张大伟说这次首飞好像就在模拟器上飞一趟一样。黎先平觉得"他这句话是对气动设计和控制律设计的最高评价"。这句话说明了两个问题:一是 C919 控制律的设计,还有系统的实现,做得很好;再一个是 C919 气动设计也做得很好。因为在首飞之前,试飞机组在模拟器上飞的是飞机模型。这个飞机模型是怎么来的? 其实是设计师们把经过 CFD 计算、风洞试验得来的气动力数据,加载到模拟器里面,最终形成的飞机模型。

在首飞中,是飞机真正的气动力替代了这个模型,但是试飞员感觉这两者一样,说明之前的 CFD 计算和风洞试验得到的数据是非常接近真实水平的。所以黎先平听了张大伟的话后,一方面松了口气,另一方面也感觉自己带领的气动和控制律团队水平还是挺高的。

"为什么这么说呢? 因为总体、气动是飞机的基础,飞机的飞行最后还是决

C919 大型客机下线现场

定于总体。打个比方说，系统设定飞行员这么操作，飞机会做出相应的响应，可是如果气动力没有搞准的话，飞机做出的响应可能就不一样了，就可能会做出或大或小的响应。而这一次首飞中不存在这样的情况，那就以实践证明了我们的总体、气动做得非常好。"

为未来做技术准备

总体来讲，因为比 737 和 A320 研制晚，所以 C919 一开始就有两大优势：一是发动机。C919 选的 LEAP 发动机，是一款新的发动机，相对原来的旧发动机有很大的优势，但后来 737 和 A320 也换了这款发动机，形成了 737MAX 和 A320neo，这个优势就没了。另一个优势就是 C919 的气动外形。737 和 A320 都是几十年前的老飞机，虽然这几十年里也不断改进，各种系统都升级，但气动外形不可能升级，否则还不如做一款新飞机了。C919 的气动外形与几十年前设计的飞机相比，有很大的进步。

当然，中国不会也不可能止步于此。中国商飞公司的年轻设计师们，正在探索各种新的方向。在气动布局上，中国商飞上海飞机设计研究院和中国商飞北京民用飞机技术研究中心都有团队在研究翼身融合体飞行器，在机翼设计上，也有团队在研究自然层流机翼。黎先平认为，现在的常规布局，它的升阻比再怎么提升，空间也是有限的，因此，他很鼓励年轻人的探索。

所谓翼身融合体，是与现在的常规布局相对应的一种气动布局。现在的飞机，是由机翼和机身两个部分连接而成，而翼身融合体则是把机翼和机身融合为升力体，这样既能增加升力减小气动阻力，还能增大内部容积。

自然层流机翼，是一种利用翼型几何形状控制上、下翼面逆压梯度的形成，使翼型有较长层流段的翼型。普通的机翼，空气流动到尾部就变成紊流了。自然层流机翼，一方面能利用机翼压力梯度，使层流段延长，另一方面，也可以采取控制措施,比如抽吸,就是抽掉紊流的低能量气流。

目前,自然层流翼型还没有大面积使用,有些机型在尾翼上做过局部的试用,发现它的升阻比比超临界机翼还能再提升一些。翼身融合体飞行器的升阻比则可以比常规布局的飞机提升很多,这种技术在一些军机上有使用,但要用在民机上,还有很多课题要做。比如说翼身融合体飞行器的控制系统设计,就会有很大的挑战,另外逃生设计也很难。遭遇突发事件的时候,现在常规布局的飞机可以在 90 秒之内撤离所有乘客,翼身融合体飞行器目前来看还要做更巧妙的设计才行。

"这些技术,我们都在关注。"黎先平说,虽然这些技术目前的成熟度还不高,前景也不明朗,但作为未来的一个方向,中国商飞公司的总体气动团队一直在跟进。

文 / 欧阳亮

给你动力，为我加油

访 C919 大型客机副总设计师　唐宏刚

唐宏刚

C919 大型客机副总设计师

祖籍湖南省宁远县，1968 年出生在飞机城陕西阎良。本科就读于哈尔滨船舶工程学院发动机专业，后考入西北工业大学同专业攻读硕士、博士，毕业后在中国航空工业集团第 603 研究所参与了多个型号的动力装置专业工作。2003 年由军机转入民机，参与 ARJ21 新支线飞机的研制。2008 年加入中国商飞公司，参与 C919 大型客机的研制。

中国具有自主知识产权的大型客机 C919 宣布采用 LEAP 发动机之后，空客 A320neo（也可选装普惠 PW1100G 发动机）和波音 737MAX 也相继采用 LEAP 发动机作为动力装置。这一方面体现了 C919 的"眼光"，另一方面也让人疑惑，作为一款全新的机型，C919 为什么没有选当时已经很成熟的 CFM56 发动机，而"冒险"选了全新的 LEAP 发动机呢？在选择 LEAP 发动机的过程中，经历了什么呢？带着这些问题，笔者采访了负责 C919 燃油动力系统的副总设计师唐宏刚。

就喜欢发动机的"难"

唐宏刚祖籍湖南省宁远县，但出生在陕西阎良。宁远县坐落于湖南省西南部的九嶷山北麓，是一座秀丽的小山城。相传舜帝南巡，病逝于苍梧之野，就葬在九嶷山脚下。从夏代开始，朝廷就在这里建舜帝陵并加以祭祀。到秦朝时，这里就开始设县。因此，别看宁远县地处偏远，在古代属于交通极端不便的地方，但这里的历史却是非常悠久的。

不过，唐宏刚在宁远生活的时间很短，对这里没有太深的印象，"我父亲也是航空人，是搞强度的。那时他们都很忙，所以我出生后不久就被送回老家了，在那儿待了 2 年多，3 岁时因要上幼儿园，才回到父母身边。但那时太小，对宁远基本上没留下记忆。"

唐宏刚血管里流着航空的血液，而且在航空城长大，很自然地爱上了飞机，大学本科选择了哈尔滨船舶工程学院的发动机专业，硕士、博士则回到陕西，就读于西北工业大学，仍然是发动机专业。

唐宏刚是典型的"理工男"，说话非常简洁，回答问题时几乎不用思考就迅速抓住事物内在的发生逻辑，两三句话就能把一个复杂的过程表达清楚。比如他回顾自己的工作经历：1991年开始工作，搞了十几年军机，2003年转身干民机，2008年中国商飞公司成立，就毫不犹豫地投身到C919大型客机的事业中来了。

大飞机被誉为"现代工业的皇冠"，而发动机则是"皇冠上的明珠"。当今世界，能生产喷气式飞机的国家很少，能研制喷气式发动机的国家则更少。航空发动机是经典力学在工程应用上逼近极限的一门技术，《航空知识》杂志主编王亚男曾经在接受媒体采访时解释为什么发动机的研制如此之困难。

一些人很难理解，中国在很多高精尖领域取得了举世瞩目的成就，比如在上世五六十年代就取得了两弹一星的成功，为什么迟至今天却仍然没有在航空发动机上取得突破？王亚男说，这与发动机的工作原理有关。现代的先进发动机，要在高温、高压、高速旋转的条件下工作，因而对材料、设计的要求非常之高。

比如，高温，高到什么程度？目前先进发动机的涡轮前温度在2 000K，大大超过了普通镍基合金的熔点。再看高压，究竟有多大压力？目前先进发动机压气机增压后的压力高达数十个大气压，相当于四五个蓄满水后的三峡大坝底部的压力。再次是高速旋转，发动机叶片的旋转速度究竟有多快？目前先进发动机的转子每分钟旋转几万转，叶片尖端承受的离心力相当于40吨重卡车的拉力。

航空发动机这颗"皇冠上的明珠"是如此的闪亮，光芒四射，以至于所有人都想拥有它。但研制航空发动机又是如此之难，在现实中，除了美国、英国、法国、俄罗斯、德国等少数几个国家具有成熟的研制能力之外，其他很多国家虽然一直在寻求突破，但所得有限。

中国就是那些一直在寻求突破的国家中的一个。数十年来，中国一直在仿制苏联的发动机，也有一些型号取得了成功，但真正具有自主知识产权的核心机，却还未能成熟。

唐宏刚钟情于发动机，就是因为它"比较难干"，"跟飞机比起来，发动机涵盖的技术一点也不少，但它又很精致，要在更小、更恶劣的条件下实现各种技术。正因为它难，所以吸引我。我就想知道它到底怎么回事，是怎么干的。"

2002年，国务院批准ARJ21飞机项目立项，这是我国第一款具有自主知识产权的喷气式支线飞机，也是首款以市场需求为导向的民用飞机。2003年，担任中国航空工业集团第603研究所动力装置室主任的唐宏刚带领他的团队开始走上了民机研制之路。在经历了方案设计、规范编制、合同修订、验证试验和取证规划之后，2008年11月28日，ARJ21飞机一飞冲天，首飞成功。

ARJ21新支线飞机采用的是GE公司的CF34-10A发动机。CF34-10A是GE公司最畅销的CF34系列发动机的成员之一，专门针对中国特有的高寒高海拔机场进行开发，采用了宽弦风扇，以提高推力并增强抗外来物损伤容限，其压气机叶片采用三维气动设计，可以无喘工作，并降低油耗、提高排气温度裕度。它还采用耐久性高的低排放单环腔燃烧室，能够满足甚至优于最严格的排放标准。

出于众所周知的原因，军机发动机的研制基本上不可能与国外同行进行交流，但民机就不同了。2003年到2008年期间，同时担任两个国家重点型号动力装置主任设计师的唐宏刚深深体会到军机、民机研制的不同，也因此爱上了民机研制。

所以，唐宏刚在回答笔者为什么从军机转向民机的问题时说，答案非常简单："因为民机更开放，接触的领域更广泛，国际合作更多，接受的国外先进技术也更多。"

唐宏刚（右）在听取工作人员汇报

磨刀不误砍柴工

2008 年 C919 大型客机项目启动,唐宏刚随即加入刚刚成立的中国商飞公司。与 ARJ21 一样, C919 的研制采用的也是主制造商–供应商模式,共有 36 家国内外企业成为 C919 的一级供应商, CFM 国际公司研制的 LEAP-1C 发动机成为 C919 的唯一国外启动动力装置。

CFM 国际公司是由美国 GE 公司与法国斯奈克玛公司共同出资成立的合资公司,与普惠公司一起基本垄断单通道干线飞机的发动机市场,其研制的 CFM56 发动机,既是波音 737 系列的动力装置,也是空客 A320 系列的动力装置,而 737 和 A320 是迄今为止最成功的两款单通道飞机。CFM 官网发布的数据显示,目前, CFM 已经向全球 550 家客户交付了愈 3 万台 CFM56

119

发动机。

但是，C919 没有选择已经成熟的 CFM56 发动机，而是选择了 CFM 研制的下一代发动机 LEAP 发动机。"这样的选择是由两大因素决定的。首先是技术发展的需求。毕竟 CFM56 发动机是 30 多年前的产品了，虽然非常成熟、非常可靠，在运营中取得了非常好的成绩，但在这 30 多年中，发动机在技术、材料等方面取得了巨大的进步。这些新技术、新材料的应用，将为飞机带来巨大的经济性的提升。"唐宏刚说。

"另一个因素，是 C919 飞机的需要。我们搞 C919 飞机，是作为下一代窄体机来研发的，而不是要重复别人二三十年前的技术。在 C919 立项时，规划非常明确，就是要做到'四性三减'，即要确保安全性，改进舒适性，提高经济性，注重环保性。同时，相对竞争机型，我们还要实现减重、减阻、减排，就是说在这三方面都比竞争机型提出了更高的要求。"

"这两个主要的因素，决定了我们必须选择一个下一代的发动机，而不是目前市场上已经成熟应用的发动机。"唐宏刚表示。

LEAP 发动机是 CFM 国际公司推出的致力于替换单通道大型客机动力装置的新型航空发动机。2008 年 7 月，CFM 国际公司在第 46 届英国法恩巴勒航展发布了启动 LEAP-X 发动机的消息。CFM 国际公司把为空客A320neo 系列飞机配套的发动机命名为 LEAP-1A，把为波音 737MAX 系列飞机配套的发动机命名为 LEAP-1B，把为中国 C919 飞机配套的发动机命名为 LEAP-1C。

作为新一代的单通道飞机发动机，CFM 国际公司为 LEAP-X 发动机采用了一些世界公认的先进技术，包括 3D 打印碳纤维复合材料风扇叶片和罩壳，独特的杂质剔除系统，第 4 代三维气动设计，使用 3D 打印燃料喷嘴的双环形预旋燃烧室设计，使用陶瓷基复合材料的高压涡轮复合机匣，使用轻重量铝化钛叶片的低压涡轮，等等。

能与世界最先进的发动机技术打交道,令唐宏刚从内心深处升起一股职业的兴奋感,工作起来自然也就特别投入。C919项目启动时,唐宏刚人虽还在第一飞机设计院,却已经作为C919动力装置专家组负责人组织团队完成了动力、燃油、防火和APU系统的技术、经费、进度论证。加入中国商飞后,唐宏刚发现,由于长期缺乏民机项目,上海飞机设计研究院人才断档非常严重。于是,唐宏刚一边着手组建动力燃油设计研究部,一边遍访国内主机厂所、航空院校、国外供应商,在不到一年时间组建了以中青年为主、专业完整的动力、燃油、防火、APU系统和试验验证团队,同时利用ARJ21的经验着手编制系统设计规范、引进设计计算工具、开展技术培训等工作。

有了团队,有了规范和工具,还要有各种试验设施,唐宏刚又开展了燃油综合试验室、动力综合控制试验室、防火试验室的论证。通过与国家技改主管部门和专家的反复沟通和说明,这些试验室终于得以批复立项,并最终为C919的成功首飞立下了不朽功勋。

动力先行

中国发动机研制能力的欠缺一直被称为国产大飞机的心病,很多人认为只要发动机是进口的,国产大飞机就不具有完全的自主知识产权。但是,这种认识实际上是对现代大工业国际合作理解不充分而造成的误解。目前的大型商用喷气客机非常复杂,其零部件多达300万个以上,任何一家制造企业都不可能独立生产大型商用喷气客机的所有零部件,而必须与其他企业进行合作,这也是主制造商-供应商模式产生的由来。

当然,对于飞机而言,动力装置的重要性是怎么强调也不为过的。在航空工业界,甚至有"飞机研制,动力先行"的说法。唐宏刚认为,这句话有两层含义,一是说因新型发动机的研制周期长于飞机,所以应早于飞机启动研

C919 大型客机发动机吊装现场

制；二是说因为动力装置的优劣对飞机的成功至关重要，必须尽早确定。按国际惯例，民机动力装置的确定标志着飞机研制项目正式启动。对于唐宏刚带领的新组建的团队来说，选择好一款高效、强劲的动力装置是保证 C919 大型客机成功的重要任务。

选好动力装置的关键是在满足飞机总体技术指标要求的同时，保证系统技术和收益最优，难点在技术风险和收益的权衡以及总体技术指标的确定。这就需要掌握当今世界最先进发动机、短舱和系统的技术发展水平；需要综合分析新技术的应用对项目研制所带来的风险和收益；需要考虑与飞机的性能匹配；需要确定动力装置的安装及与飞机其他系统的接口匹配，等等。总之，它在很大程度上决定了飞机的未来。

事实上这就是系统集成能力，而这种系统集成能力也就是主制造商的一项核心竞争力。对于 C919，这项核心竞争力还体现在提出符合 C919 特点的动力装置技术要求。

唐宏刚透露，中国商飞公司确定的技术要求，主要是从确保 C919 优于竞争机型的"四性三减"目标出发，总体技术指标在保证不低于现有成熟发动机的可靠性、可维修性和安全性的前提下，减少发动机排放量 50%，噪声降低 1%~2%，燃油消耗降低 12%~15%，推重比要与 CFM56 持平。同时，经过反复对技术风险和收益进行评估，确定了采用电反推、复材短舱、吊挂和短舱一体化结构、陶瓷基复合材料、健康管理及在一型发动机上实现不同的推力等级控制等先进技术和方案。

以唐宏刚为核心的技术谈判小组与供应商进行了长达一年的艰难谈判。谈判的焦点在于：指标定得高了，对供应商的成本、进度就会带来影响，而如果指标定低了，我们飞机的竞争力又会受影响，所以双方必须在各自的目标间找到一个平衡点。这是一种技术博弈，关键时刻需要两家公司的最高决策层进行决策。为了尽快确定动力装置，唐宏刚及时向国家大飞机专家领导小组汇报，并得

C919 大型客机发动机
局部特写

给你动力，为我加油

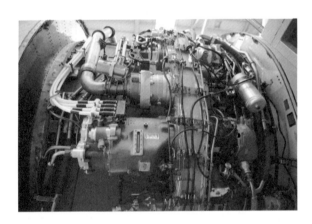

到刘大响、尹泽勇等院士的支持，动力装置最终成为 C919 第一个确定供应商的系统。

助力"中国心"

中国商飞公司为 C919 选择了一款先进的发动机，在这过程中积累起来的知识、经验，对于国产发动机的研制起到了一定的指导作用。

唐宏刚认为，从整体上讲，C919 的研制对国产发动机的提升作用巨大。发动机是为飞机配套的，一款先进飞机的研制自然会反推发动机的发展。正是考虑到这一点，国家在启动大飞机专项之后，就布局了大飞机配套发动机的研制工作。

"在国产发动机验证机的工作中，中国商飞提供了很多帮助。"唐宏刚表示，比如说在验证机立项的时候，对发动机的总体指标怎么定，厂商就跟中国商飞做了大量的协调。当时如果按 C919 飞机发动机的指标来定，国内的技术是达不到的，而如果按国内现有的技术去做，又会使飞机经济性下降太多，"所以当时我们就配合他们一起做论证，论证这个技术指标究竟怎么定。说具体点，就是把他们的发动机能做到的推力、油耗、重量等指标，放到 C919 飞机上，看 C919 会是一个什么样的性能。如果我们认为这样的性能，作为下一代的发动机，在未来没有竞争力，那就要建议他们修改、提升，而究竟提升到一个什么样的程度，让这些指标既不会超出他们的研制能力太多，又能在未来具备竞争力，这就需要双方对航空工业的未来都有一个清晰的判断。"

按照这个思路，国产发动机研制团队一直与 C919 研制团队频繁合作，目前国产发动机验证已经完成了点火试车。在过去，我国研制发动机都是先有飞机型号，然后研制发动机型号，但这次不同，飞机的研制只比发动机研制早几年，刚好对发动机起到一个技术引领的作用，从而为发动机项目成功后的可用性提

C919 大型客机降落后打开发动机反推

供了一个很好的保证。

　　"C919 为国产发动机提供了一个很好的平台。"唐宏刚说，从目前的进展看，飞机研制的进度一定会走在发动机的前面，将来发动机需要做试验的时候，飞机已经很成熟了，刚好可以为发动机的试验提供高空平台。

此外，唐宏刚在他主管的C919燃油系统、环控系统等领域，对推动国内相关企业的技术进步也是不遗余力。通过谈判，C919的燃油系统供应商派克宇航与国内企业成立了合资公司，环控系统供应商利勃海尔虽然没在国内设立相关的合资公司，但唐宏刚积极促成他们与国内企业达成了转包生产的协议，把利勃海尔设计的传感器、卡箍等转移到国内生产。

"挑战是永恒的"

一方面要面对C919进度上的压力，另一方面还得考虑引领国内民机产业相关技术的进步，唐宏刚直言挑战很大，"挑战是永恒的。既有管理上的挑战，也有技术上的挑战。"

唐宏刚说："干飞机这行，技术的进步是永无止境的，永远要不停地向前进。"在未来很长一段时间，我国都会在大飞机的研制上面临诸多挑战，比如复合材料等先进材料的应用、减阻降噪、机载设备以及发动机的国产化等，这些挑战都将是长期的。

要应对这些挑战，人是第一位的。可惜，目前的中国民机产业，最缺的就是人才。中国大型商用飞机的研制，从上世纪80年代"运10"被搁置之后，走了很长的弯路。上世纪90年代，当时的中国航空工业总公司曾制定了一个"三步走"

C919 大型客机发动机 LEAP-1C

战略：第一步是部分制造和装配 MD82/90 系列飞机，由美国麦道公司提供技术，通过合作来提高中国航空制造能力；第二步是与国外合作，联合研制 100 座级飞机，以提高中国航空工业的设计技术水平；第三步是自己设计、制造 180 座级干线飞机。

　　但是，1996 年底，波音宣布并购麦道，中国与麦道的合作被迫中止。差不多同一时间，中国与空客合作的 AE100 项目也无疾而终。这样，"三步走"计划完全落空。当时，上海航空工业没有任务，不得不转行生产一些民品。但即使这样，很多人的工作任务仍然不足，上班时间没有事做，因此导致人心不稳，大量工人、技术人员跳槽到别的行业。当时上海汽车工业发展迅速，汽车与飞机又都算是大交通行业，有很多相通的地方，所以上汽公司不仅把招工广告贴到上海飞机制造厂的门口，甚至派了车到厂门口来接人。因此，上海航空工业在那几年里，不仅相关的人才培养没有继续下去，而且已经成熟的人才都大量流失了。

现在唐宏刚管理的团队，大部分都是"80后"，这些人学历高，素质好，但是缺乏经验。唐宏刚培养他们的方法是"大胆地给他们任务，让他们去干。但是在干的过程中要帮助好他，要替他把好关"。

中国商飞上海飞机设计研究院动力燃油部副部长银未宏给笔者举例介绍唐宏刚培养年轻人的方法："唐总要叫你去做一件事，他会先告诉你要做什么事，然后告诉你做这事要分几步，做的过程中要注意什么，做完结果应该是怎么样的，让你还没开始做就对这事有一个大体的把握。如果做的过程中，你遇到困难，尽管去向唐总请教，他会非常耐心地为你解答。你做完之后，唐总只要有时间，通常都会亲自来检查，给你把关。"

"要是'运10'没被搁置，我们不会面临人才断层这样的问题。"唐宏刚说，现在人才断层已经是既成事实，那就正确面对，"要信任年轻人，告诉他们拿到一个什么样的输入，经历一个什么样的过程，会得到一个怎样的输出。做事无非是这三个环节，把这三个环节搞明白了，人也就成长了。"唐宏刚如是说。

文 / 欧阳亮

打造中国自己的材料规范

访 C919 大型客机副总设计师 章骏

章 骏

C919 大型客机副总设计师

1968 年出生于沈阳。1991 年毕业于华东化工学院化学系应用化学专业，2003 年获得北京航空航天大学机械学院航空工程专业硕士学位。长期从事材料和标准件应用研究工作，参加过多型飞机的材料选用和材料国产化研究工作。

建立较早的大型国有企业，都有一种"大院文化"，在一个围墙之内，从工作到生活，从菜场到医院，全都有。一个孩子在大院里出生，从幼儿园开始，小学、中学，都可以在大院内搞定。沈阳飞机工业（集团）有限公司和沈阳飞机设计研究所（即601所）就是这样一个大院。

1968年，C919大型客机负责材料的副总设计师章骏就出生在这个大院里。章骏的父母亲都在601所工作，父亲还是601所主管结构的副总设计师。从小耳濡目染，再加上大院文化的熏陶，章骏从小就对飞机很熟悉。读高中时，班上有很多同学已经不是沈飞子弟，对飞机型号没那么清楚。因此，每当看到沈飞设计、制造的飞机在天上飞时，章骏他们就会炫耀一下，跟同学讲与这个型号有关的故事，"那时候觉得倍有面子"。

1987年，章骏离开沈阳，进入华东化工学院（华东理工大学的前身）化学系学习。对于为什么会从东北跑上海来读大学，包括后来离开601所到上海加入中国商飞公司，章骏直言是受父母的影响，"我母亲是上海人，父亲是苏州人。长三角这一带的人都有一个情结，觉得全天下就这儿是最好的，所以他们一直希望能回来，不仅是他们自己回来，还希望自己孩子也能回来。"

不过，章骏毕业后，并没有留在上海工作，而是回到了601所。"航空材料，从大的方向而言可以分为两类，一类是结构材料，比如钢、铝、钛等；另一类是功能材料，比如涂料、密封件、橡胶等。功能材料中的非金属材料，还有结构材料里复合材料所用的树脂等，都和化学密切相关。我从事航空材料，就是从非金属材料的应用研究开始的。"

C919 的新材料

航空工业有一种说法，叫一代材料一代飞机，也有反过来叫一代飞机一代材料的。搞飞机总体的人，一般坚持后一种说法，"我是搞材料的，所以我更倾向于一代材料一代飞机的说法。"

这两种说法各有出发点，但不管哪一种说法，都突出了材料在飞机发展过程中所起到的非常重要的作用，尤其是对民用飞机或运输类飞机来说，章骏觉得可能一代材料一代飞机的提法更准确一些。

回顾一下喷气式客机发展的历程，我们可以发现，民用飞机的气动外形从波音 707 到现在，没有发生根本性的变化，但现在的飞机，波音 787 也好，空客 A350 也罢，与当年的波音 707 已经完全不可同日而语。

波音 707 是上世纪 50 年代初开始研制的飞机，既然从那以后民用飞机的气动外形没有发生根本性的变化，那么究竟是什么技术推动飞机在这 60 多年中发生了如此巨大的变化呢？

章骏认为，技术的进步主要体现在三个方面：第一个方面是推进技术的进步。不管是推力，还是油耗、噪声，如今的发动机技术已经远远超过了 60 多年前的技术。第二个方面是机载系统的进步。从上世纪 50 年代到现在，机载系统像航电、飞控都发生了革命性的变革，比如说飞控，最早是机械操纵，后来是液压，现在则是电传了。第三个方面，则是材料技术的进步。材料的进步，主要体现在让飞机轻质化、增强抗腐蚀性和延长使用寿命上。

所以，章骏认为，对于民用飞机来说，确实可以理解为是一代材料一代飞机，每一代新材料的出现，都会推动民用飞机上一个新的台阶。

再回顾一下航空材料发展史，我们可以发现，以金属材料为代表的飞机，到波音 777 的时候，就已发展到了顶峰。现在的飞机设计师在设计飞机的时候，要用到金属材料时，还是会从 777 的材料体系中去寻找。但在 777 之后，飞机材料就开始向碳纤维复合材料过渡，A380 用了 25% 的复合材料，787 和 A350 的复合材料占比更是达到了 50%。

今天广泛应用的碳纤维增强复合材料是空客最先在批产型号上使用的，因为空客作为民机产业的后来者，很想在一些先进技术的应用上打败竞争对手，但空客很谨慎，步子迈得很小，最先是把复合材料应用在副翼上，然后花了近 20 年才把它扩大到垂尾和平尾上。而波音的步子就大得多，777 复合材料的占比还很低，到 787 的时候，复合材料占比就达到了 50%。

2008 年，中国商飞公司成立之后，在考虑 C919 的选材时，公司的设计师们也认识到碳纤维复合材料是目前为止解决飞机轻质化、提高抗腐蚀性的主流选择，所以当时很多人，包括很多专家都提出，C919 复合材料的用量标志着这架飞机在结构、材料上的先进性。这种提法把材料提到了一个很高的高度。所以当时针对 C919 所用材料提出的几个方案中，复合材料用量最高的方案达到近 20%，但后来决定机翼还是用金属材料，中央翼、后机身、平尾等用复合材料，再后来又决定中央翼也用金属材料，只留后机身、平尾、垂尾以及副翼和襟翼等用复合材料，复合材料的占比最终是 11.5%。

在这 11.5% 的复合材料中，具体来说有三种材料：T800 级的碳纤维复合材料、T300 级的碳纤维复合材料和玻璃纤维复合材料。在这三种材料中，我们平常所讲的所谓先进复合材料，特指 T800 级的碳纤维复合材料。在 C919 之前，中国航空工业界没有用过 T800 级的碳纤维复合材料，所以在这个角度上讲，C919 创造了一个国内第一。

那么，在使用了这三种复合材料之后，C919 为什么还要选用第三代铝锂合金呢？原因也很简单，飞机结构是用复合材料还是金属材料都只是一种手段，其最终目的是实现结构的轻量化。如果使用金属材料也能达到这个目

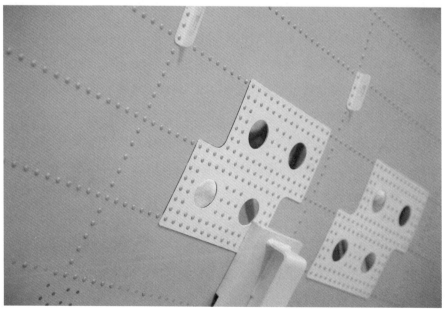

C919 大型客机使用了大量新材料

的,并且还没有使用新材料的风险,那我们何乐而不为呢?

第三代铝锂合金就是在这样一种认识的背景下,进入了中国商飞公司设计师们的视野。这种材料简单来说,就是在铝里面加入了锂元素,使得其在提高各种性能的同时,降低了密度,也就是说其他性能都没变,但实现了减重的目标,所以,在碳纤维复合材料之外,C919又使用了第三代铝锂合金这种材料。

C919上使用了两大类三个牌号的铝锂合金。两大类,一类就是薄板,做飞机蒙皮用的;另一类是型材。型材是什么呢?型材是指金属材料通过铸造、挤造等工艺后制成的具有一定几何形状的产品。这个解释很多普通读者不容易理解,如果把型材和蒙皮放在一起就好理解了,因蒙皮和型材铆接在一起之后共同构成了飞机的壁板。除了这两大类之外,C919飞机的长桁和支撑结构件也是用铝锂合金做的。

章骏看中第三代铝锂合金最重要的特性就是减重。C919蒙皮使用铝锂合金能减重2%,型材使用铝锂合金能减重5%,再加上铝锂合金性能上的优势,其结构的实际减重大概在7%。

C919减少碳纤维复合材料用量,增加第三代铝锂合金,事后被证明是有远见的选择,在这里我们可以用数据比较一下。从减重的效果看,使用铝锂合金的综合减重在7%,从理论上说,碳纤维复合材料的减重潜力在15%~20%之间,但这只是理论上,也就是说它是受制于很多现实条件的。比如,设计必须十分完美,要是还按照金属材料的设计理念去设计肯定要打折扣,另外,制造工艺水平得够强,否则得用很多的备份、冗余去保证结构安全,这样一来减重的效果就会大大降低。

另外,复合材料零件的制造质量高度依赖于整个生产过程的控制,而生产的过程控制恰恰是我们国内制造业最薄弱的环节,经常会出现今天制造的零件与昨天制造的零件质量不一样,甚至出现今天合格第二天又不合格的现象,而且查不出原因。所以如果这些环节控制得不好,复合材料的最终减重效果可能会低于 10%。

正是基于这样的背景，当年在为 C919 选材的时候，C919 的总设计师吴光辉决定，适当降低复合材料的占比，增加第三代铝锂合金的使用。因为铝锂合金一方面能达到减重的效果，另一方面，作为金属材料，其设计方法、加工方法都是传统的，容易掌握，生产成本也低，所以决定两者都用，既探索了新材料、新技术，又降低了风险，现在回过头来看，这是一个很正确的选择。

当然，第三代铝锂合金在当时也并不是说就是一种很成熟的材料，拿来就能用的。在 C919 之前，我们国内曾在军机上使用过第二代铝锂合金，取得的经验是其性能特别难以把握，所以 C919 在做详细设计评审时，有专家就提出第三代铝锂合金用在民机上是不是足够安全的问题。

当时，还没有真正的实践，谁也没法回答这个问题，于是章骏就留下了这个开口项，"后来经过我们这几年的攻关、努力，最终把这个开口项给关闭了。" 2016 年 12 月，中国商飞公司组织专家对第三代铝锂合金进行了一次评审，评审专家对第三代铝锂合金的评价非常高，在评审结论里写道：第三代铝锂合金实现了减重的收益，并且风险可控。

当时评审组的组长吴学仁是北京航空材料研究院的总工程师，是业内知名的老专家。他对章骏说，在 2009 年的时候，当时国人对第三代铝锂合金的认知还偏负面的情况下，中国商飞公司能够选择这条路径，并且最终坚持把它做完，这种见识是非常值得钦佩的。章骏认为这是业界的前辈对自己以及团队工作的一种高度肯定。

所以，现在回过头来看，章骏认为，C919 飞机使用的两种新材料，在选择上都是比较正确的，没有出现大的偏差，虽然碳纤维复合材料在后来的制造过程中碰到一些问题，但那只是成长中的烦恼，是我们这样的后来者必须跨越的一个门槛。

与国际同类机型相比，C919 和竞争机型 737、A320 使用复合材料的比例差不多甚至更高,因为 737 只用在垂尾和平尾上,后机身还没用。这有两个原因,一个是因为单通道飞机机身的曲率特别大,不是很适合使用复合材料;二是因为 737、A320 的产量高,每个月的产量均超过 50 架,这么高的产量,如果大面积使用复合材料的话,零件生产速度、质量都是没法保证的。

章骏为中国航空新材料倾注了大量心血

建立中国人自己的材料规范

选好了材料,下一步就是对材料进行各种试验,用数据来证明该种材料能否完成其使命。事实上,飞机整个结构的安全性验证,是由金字塔形的一系列验证组成的,这个金字塔最底层的试验就是材料级的试验。不管是金属材料还是复合材料,材料部门必须给出每种材料的强度、模量、刚度数值,这样设计部门才能进行结构设计。

设计部门拿到这些数值后,先用一些稍微复杂一点的元件对计算方法进行验证和修正,并判定某类设计结构的合理性。在这一层验证完了之后,就会进入到上一层,即更复杂的组合件,这时往往已经不是在考虑材料性能的准确性,而是更多地验证整体设计的合理性。这些都验证完了之后,就进入到组合件和部件,最后就上升到全机级的验证。

所以,在整个飞机设计环节中,材料是处在第一层和第二层最基础的位置,材料扮演的角色,就是通过大量基础性的研发试验,为整个飞机的结构强度奠定一个设计基准,用专业术语来讲,叫材料的许用值。

在研制过程中，C919 项目在材料专业上花了一个多亿。"我们中国的航空工业，还从来没有过一个型号在材料这样一个基础性的专业上花过这么多钱，C919 为什么能做到呢？"章骏认为，一是因为国家对这个型号的支持力度比较大，二是因为在飞机设计，尤其是适航审定过程中，我们深切地意识到了材料性能数据的重要性。

章骏介绍，以前中国所有的材料规范都是借鉴别人的，借鉴美国的规范或是苏联的规范，但是在 C919 的研制过程当中，我们真正做到了用自己的方法、自己的试验、自己的统计分析过程，建立了能够满足适航审定要求的中国人自己的规范，并且这个规范得到了所有国际供应商的认可。

"换句话说，我们以前虽然搞了几十年的航空工业，但我们不知道怎么建一个科学的材料规范。材料规范里面有很多指标，我们以前只知道这些指标是什么，却不知道它是怎么来的。比如美国人说钛合金强度要求是 897 兆帕，那么你能不能告诉我为什么不是 895 兆帕或者 900 兆帕，而一定要选 897 兆帕？"

章骏解释，之所以会造成这样的情形，是因为以前我们国家的航空材料体系一直处在仿制的阶段，所以没人去问这个问题，觉得美国的或苏联的标准就是圣旨，要仿制就必须达到那个水平。通过 C919 这些年的研制，我们中国的飞机主制造商终于知道了怎么去制定一个满足适航审定要求的材料规范，这是我们这几年一个比较大的收获。比如说，我们独自建立了中国商飞公司的钛合金锻件的材料规范和许用值，这在行业内是首次。

"材料试验，是一件非常琐碎的事情。比如复合材料许用值的试验，我们已经做了 21 000 多件的试验件，根据试验的要求，每一个试验件需要记录下来的测试值达到近 20 个，由此你可以想象每个试验件制造的精细程度和检测的工作量有多大。而这只是许用值试验的第一步，后续还有超过 40 000 件的试验量在等着我们。所以说建立一套复合材料的设计体系真是不容易，这是一个花成本、花代价、花时间的过程。"章骏说。

通过如此海量的试验，章骏所领导的团队可以对材料供应商能力做出判断：一是供应商所提供的材料和标准件是否能达到中国商飞公司的要求；二是供应商所提供的所有材料和标准件在一致性和稳定性上是否能达到中国商飞公司的要求。比如说标准件的一种——铆钉，飞机上要用很多的铆钉，工人铆装施工结束后，铆钉的头和飞机蒙皮应该是平的，但如果用的不是很好的铆钉，就会出现不是很平的情况。原因在哪里呢？这跟铆钉的根部尺寸有关。当然，在设计上，这个尺寸本身是有公差的，但是生产过程控制得好的企业，所生产的铆钉的稳定性就很好，而生产过程控制得不好的企业，所产的铆钉就会在公差的上下限之间变动，这样就会非常不利于飞机整体质量的控制。而一致性和稳定性就靠企业的生产过程来保证，能不能掌控这一点，对后来量产时飞机质量的影响非常大。

章骏认为，通过 C919 的研制，从技术上来说，我们掌握了材料标准规范的建立方法，也掌握了给出材料许用值的科学方法；从管理上来说，我们明白了一个飞机主制造商的材料专业不仅仅是围绕材料和标准件本身的性能做工作，更重要的是要保证飞机制造过程中使用的材料和标准件的一致性和稳定性，而这种一致性和稳定性有赖于飞机主制造商的技术团队能够对供应商的生产过程实施精准、严格的过程控制，"我想这才是过去几年中我们通过两型飞机获得的最大收获。"

这个最大的收获不但保证了 C919 飞机材料体系的完整可靠，更重要的是帮助整个中国的航空工业建立了一套材料标准的管理体系。有了这套体系之后，不仅对国际供应商的管理顺畅了，而且对认证和帮助发展国产的材料和标准件也意义重大。

在此之前，很多人都会问一个问题，为什么我们连飞机上用的铆钉都要从国外进口？很多人觉得这不可想象，难道说中国人连一颗铆钉都做不了吗？怎么可能呢？

用复合材料制作试验件

其实不是我们生产不了铆钉,而是我们生产的铆钉一致性和稳定性差,这就涉及上文所讲的许用值的概念。同样一种材料,不同的厂家生产出来的产品由于其性能中值和波动水平的不同,其许用值也是不一样的。就是说这个产品的许用值不仅跟某一个材料牌号有关,同时也跟生产这个产品的厂家有关。有些厂家生产的产品,它的性能的波动非常小,而有些厂家的产品,波动性就非常大。也就是说两个厂家生产同样一个材料,在平均性能不变的情况下,性能稳定性控制得好的厂家的产品,许用值就高,反之就低。

我们国内有些厂家生产的铆钉,性能的波动大,许用值低,虽然经过检测,所产的某一个铆钉没有问题,是合格的,但批量采购的时候,它的安全概率就大大下降了,民用飞机是肯定不能用这样的产品的。

"而这一点,在 C919 项目之前我们都是不知道的,也就是说我们不知道怎么从适航审定的角度去判定一个材料,它为什么能用,或者为什么不能用。大家都觉得我也能生产这个东西,平均值和国外是一样的,为什么就不能用呢?现在,通过我们的工作,彻底搞清楚了原因,也把它传达给国内的相关企业,让国内的企业明白,可能由于它硬件的原因,或者由于技术的积累还达不到要求,所以它的产品不能满足适航审定的要求,没法用在民机上,但是至少我们现在已经清楚地告诉它,它的目标在哪里,让它知道应该朝哪去努力,为什么要这样努力,那么假以时日,它必然能够跨过这道门槛,在那个时候我们实现材料和标准件的自主保障就可以期待了。我们通过C919项目把这条路径找出来,这是我们对整个航空材料产业最大的贡献。"章骏说。

"过去的10年,我觉得我们应该是取得了非常大的进步。"在材料这个领域,章骏甚至认为这10年的收获比以前任何时候都多、都更有效。在适航审定的要求下,民机设计师们一定要回答为什么的问题,比如这块材料为什么是这个指标?这样的指标在安全性、可靠性上会有怎样的影响?所有的这一切会不断地促使我们去思考整个工程的深层次的问题,去回答各种各样的问题。比如,你所需要的输入是什么?怎么获得?这个输入是否足够可靠、安全?你怎么评价?这样的过程对提升我们对整个工程的思维和理解是必不可少的。"这是我的一个基本认知,而我觉得最后的一个结论是至少在材料标准件这个专业,我们通过了这场考试。"

实力管控与供应商

选好材料,建立了自己的材料规范和许用值体系之后,就要向供应商购买材料了。C919的材料供应商到目前为止都是以国外供应商为主,它们都是国际主流的航空材料供应商和标准件供应商,总的数量超过100家。所以,"你可以想象对这些供应商的管理也是一件挺繁杂和烦恼的事情。如果管得不好,那拖延交货日期、质量不合格等问题都有可能出现,而管好了,它不仅帮助建立了整个供应链,而且能有效控制原材料成本。"

不过,可以看得出来,章骏对 C919 材料供应商的管理还是比较满意的,"我可以自豪地说,我们材料和标准件专业对供应商的管控是很成功的。你知道,在主制造商-供应商模式下,对供应商的管控是一门大学问,波音 787 因为供应商的拖延而几次推迟交付。有些大牌的供应商会因为一点小事就跟主制造商要加价,要推迟几个月的时间交货等,但在我们这里,这种情况一次也没出现过。"

章骏总结自己在管控材料供应商上的经验,最主要的一条是坚决杜绝唯一供应商。"因为我们知道如果依靠供应商对你的承诺,或者你和供应商之间的私人感情,要维持一种正常的商业模式是不可能的。在制造业,真正能够掌控供应商的只有两件事情,第一个是你自身的实力,简单地说就是我们有多大的需求,我们能买人家多少东西,但目前中国民机产业刚起步,我们能采购的量是有限的。第二个就是充分竞争"

在采购量有限的条件下,充分竞争是掌控供应商的"法宝":一个材料规范下面必须有不止一个合格供应商,然后通过供应商之间的充分竞争来保证材料的质量,保证材料合理的经济性,保证材料的供货周期。"事实证明,我们这个策略是非常成功的。"

充分竞争不仅能保证主制造商对供应商的管控,而且还能有效降低原材料成本。当然,目前中国民机产业才刚起步,ARJ21 新支线飞机刚开始量产,C919 大型客机还在试飞阶段,因此能采购的材料数量是有限的。在此背景下,为降低成本,章骏和材料供应商谈判并签订了长期协议。"复合材料、钛合金、铝合金等材料,我们都和国外主流供应商签有长期协议。"签订长期协议,降低了采购成本,同时也使 C919 飞机的材料采购成本变得可预测。

材料采购成本可预测,就是说一架飞机在开工之前就能大致预计这架飞机的材料成本,这是非常不容易的一件事。"事实上,在此之前整个中国航空工业没有人能够做到这一点,我们通过对材料供应商的管控,实现了这个目标,我觉得这也是 C919 在研制过程中的一个很重要的亮点。"

在与国际主流供应商打交道的过程中,章骏也发现这些供应商之所以能称为"国际主流",确实有很多值得我们学习的地方。比如,在论证材料供应商的时候,有一个环节是要做过程控制文件的审核,章骏最初在向供应商提出这个要求时,内心其实是有一些担心的,因为过程控制涉及很多企业的核心生产机密。为 C919 提供先进复合材料的一家供应商是日本东丽公司,这是一家执全球先进复合材料之牛耳的企业,也是波音 787 唯一的复合材料供应商。这是世界上最牛的供应商,而且日本和中国之间还有些不愉快,所以章骏在提出要审核过程控制文件的时候,确实是有些担心他们能不能配合中国商飞公司来做好这项工作。 但是,在中国商飞公司提出这些要求之后,东丽公司的配合度相当高。在后来实际的操作过程中,东丽公司的过程控制文件的质量是最好的。"别的供应商也很配合,但是整个文件就几十页,而东丽公司却有 100 多页,非常详尽。当然在内容上,我们都是签有保密协议的,我们依法保障他们的权益,但是这种执行精神和严谨的态度,我们认为特别值得其他的材料供应商学习。"

章骏在放下心来的同时,也给予东丽公司很高的评价,"我觉得他们的表现真的很专业。从他们的角度来说,我们提的是做航空工业的一个正常的要求,只要他们认为这样的要求是合理的,他们都愿意配合主制造商去做。"

为团队把握方向

中国是一个大国,人口居世界第一,经济体量居世界第二,民航运输市场目前居世界第二,但无论是波音、空客等民机制造企业,还是国际民航组织,都预测中国将在不久的将来成为全球最大的民航运输市场。这样一个大国,面对如此强烈的需求,发展民机产业是非常正常和应当的,这也确实是把我们国家从制造业大国变成强国的一个很有效的抓手和路径。因为飞机和发动机这两个产业,确实是制造业里顶级的产业,它们对整个工业体系的要求是任何其他行业无法替代的。

北京大学政府管理学院教授路风在他的《中国大型飞机发展战略研究报告》中系统地阐述了我们国家为什么要搞大飞机。他有一个核心观点章骏记忆深刻,他说如果你的体系不能支撑,那么技术的转移、技术的学习是无法发生的。路风以中国汽车产业为例来说明这个观点。中国汽车产业走的是"市场换技术"的道路,但现在大家一般都认为这条路没有达到当初的预期,搞得不太成功。因此他提出,我们搞大飞机,一定要自己搞,自己有一个平台,然后在这个平台上不断追踪、学习最先进的技术。他讲到当年"运10"被搁置时说,"运10"的可靠性、安全性也许不能完全满足民航的要求,但"运10"的搁置不仅仅是让一个型号下马,而是摧毁了中国大飞机产业的平台。

中国决定研制"运10"是在1970年8月,当年12月,空客在法国成立,中国和欧洲几乎是在同一时间吹响了进军民机产业的号角。但是,中国在这条路上走了弯路,"运10"被搁置之后,我们与麦道合作搞 MD82/90,与德国合作搞 MPC75,与空客合作搞 AE100,全都失败了。而空客坚持自主创新,渐渐发展成为能与波音平起平坐的行业巨头。

"中国民机产业没能像空客一样顺利发展起来,跟'运10'被搁置有关,同时也跟当时我们的国力不足有关。在1997年我国驻南斯拉夫大使馆被炸之前,我们国家在航空航天上的投入是非常有限的,所以很多航空人一辈子可能就搞了一个,最多两个型号。但1997年以后,国家的投入加大,型号增加了。我1995年开始搞航空,刚好碰上了好时候。"章骏说,职业生涯的前10年他参加了某型飞机的材料攻关,最终实现了99.5%国产化;2006年之后,开始做民机,参与建立中国的航空材料规范体系,建立材料合格产品的保障体系,同时推动民机材料的国产化。"这20年一直在忙,但我觉得挺有意思,而且我觉得没

章骏（左三）和他的团队

白忙，确实看到了成果。"

章骏所讲的成果，不仅仅是上文讲到的"参与建立中国的航空材料规范体系，建立材料合格产品的保障体系，同时推动民机材料的国产化"，还有人才队伍的建设，"你打造了一个团队，这个团队能按照你的理念，往前推进工作，而且经过这么长时间用事实来证明这个理念还基本上是正确的。我觉得这是挺有成就感的一件事情。"

目前，上海飞机设计研究院的材料/标准件团队有50多个人。由于中国民机产业曾经走了一段弯路，那段时间里不仅少有新鲜血液的补充，而且原有的人才都大量流失，所以中国民机产业在人才上有一个明显的断层：小部分是年纪比较大的，大量的是刚毕业的新人，中间年龄层的人比较少。

还好，章骏自己的心态也很年轻，因此跟年轻人沟通不存在障碍。另外，章骏也认为，带领一个团队，问题的本质不在于人员的年轻与否，而在于你这个团队带头人能不能替大家指明方向并且把握住方向。"首先，你要指出一个方向,让大家往那个方向走。第二,你要把握住这方向,不能让大家走偏了。指出方向需要洞察力,把握方向需要掌控力,你只要把这两个做到了,你的人员年轻一点没有关系。现在的年轻人素质相当高,你教他一个月两个月,他就会知道怎么做。"

章骏觉得,一个团队的领导人最重要的职责,不是天天冲在第一线干活,而是制定目标,指明实现目标的路径和方法,让团队的人能跟着你走。"我比较欣赏的一句话就是主帅无能累死三军,你整天冲在第一线上,就算你浑身是铁,又能打几颗钉?公司把你放在这个位置上,不是让你冲在第一线,而是让你去做更重要的事情,所以说我觉得一个团队的领导,真的不应该每天让自己那么忙,把自己弄得连思考方向的时间都没有。"

文 / 欧阳亮

与大飞机的美丽情缘

访 C919 大型客机副总设计师

中国商飞上海飞机制造有限公司

总工程师 姜丽萍

姜丽萍

C919 大型客机副总设计师

中国商飞上海飞机制造有限公司总工程师

江苏常州人。1991 年毕业于南京航空航天大学飞机设计专业，获硕士学位。2004 年，任 ARJ21 新支线飞机项目总工程师。现任中国商飞公司制造总师，中国商飞上海飞机制造有限公司总工程师，上海飞机制造有限公司党委委员、科技委主任。曾先后获得上海市五一劳动奖章、上海市五一巾帼奖、全国巾帼建功标兵、全国优秀科技工作者、中央企业优秀共产党员等荣誉称号。

被誉为"中吴要辅"的常州，傍太湖，依长江，烟雨杨柳，吴侬软语，是一个富庶、婉约而多情的江南水乡城市。

C919大型客机副总设计师、中国商飞上海飞机制造有限公司总工程师姜丽萍生于斯、长于斯。虽然成年后即离乡求学，甚至飘洋过海，但故乡的印记毕竟早已融化于血脉中，举止言行之间，那种江南女子特有的气质仍不时自然流露。

这样的一个女子，是怎样干上航空这一"硬邦邦"的行业的？又是如何成长为最年轻的女性民机型号总工程师的？在ARJ21和C919项目中，又曾经历了哪些艰难、痛苦、欢乐和荣耀……一个阳光和煦的午后，一直忙忙碌碌的姜丽萍终于有时间坐下来，向我们讲述她的故事，讲述她与中国大飞机的美丽情缘。

一个美丽的意外

与一些出生于航空世家的孩子不同，如果仅仅从家庭来看，很难找到姜丽萍与航空这一行业的关联。最后走上这条路，估计连她自己也没有想到，用姜丽萍的话来说，"结缘航空，那是一个美丽的意外。"

"从个人意愿来说，我本来是想学文科的。高中分班的时候，我一开始报的是文科班。我这个人读书的时候其实比较懒，记忆力又比较好，觉得学文科简单，课后不用做功课，文科成绩也不错。当时，我最想将来自己能学

让中国的大飞机翱翔蓝天是姜丽萍最大的心愿

英语专业,在这方面的兴趣最大。"

然而,上世纪 80 年代,"学好数理化,走遍天下都不怕"的氛围还很浓厚,在很多老师看来,尖子生理所当然是要学理科的。姜丽萍是年级的尖子生,文理科均衡,各科成绩都不错。"这么好的学生为什么要去读文科?"本着对学生负责的态度,班主任苦口婆心地做姜丽萍和她家长的思想工作。

"一开始,班主任让我改读理科,我不同意,老师就去找家长。爸妈在这方面也不是很懂,自然是听老师的。我和妈妈说想读文科,将来学英语专业。妈妈一听就急了,说万一将来高考考不好,去读什么旅游学校,不是要给外国人当导游?外国人的习惯和我们不一样,要和你搂搂抱抱怎么办?我们家不接受这种工作,坚决不让你读文科。一来二去,妈妈下了最后通牒——你再这样不听话,就和你断绝关系。没办法,最后我还是读了理科。我这一改,有位文科班的老师舍不得了,说是最好的一个学生走了。"

人生有时就是这么让人无法捉摸。对于姜丽萍来说，从文科转为理科，彻底改变了她此后的人生轨迹。而今，数十年后，回头看去，我们很可能少了一位优秀的外语专业人才，却多了一位民机总工程师。个中得失，各种滋味，恐怕很难一语道清。

然而，对于姜丽萍来说，这只是求学生涯中一个小小的意外，更大的意外和考验还在后头。

"我是 1984 年参加高考的，那一年的数学很难。当时，我所在的班级是常州一中的数学特长班。我记得有一年全国数学竞赛，我们班有好几个同学都拿到了比较好的名次。正常情况下，我们一个班 50 多个学生，45 个考上一本肯定没问题，结果那一年只考上 15 个，普遍发挥失常。后来才知道，那一年的数学考题突然转题型，大家以前接触的很少，都不知道怎么做了。在我的印象中，那一年江苏省的数学高考平均分才 40 几分。"

姜丽萍的数学考了 60 多分，虽然超过平均分 20 分，但与自己的期望相差很大。"我高考的时候有两门功课考得不好，一门是数学。考完以后，自己感觉很不好，那天晚上睡不着，影响了后面的科目。第二天，物理也考砸了。物理考完后，老师问我觉得可以考多少分，我当时觉得 95 分肯定没问题。老师也说，以你平时的水平 95 分肯定能考上。后来，我越想越不对劲，突然觉得自己会不及格。实际上，最后我考了 71 分。从高考情况来看，最让我满意的还是英语，发挥出正常水平，考了 90 多分。"

不仅在考试上不顺利，在志愿填报上也是一波三折。

"有时候想想，也许是冥冥之中自有天意。在填报志愿的时候，我还曾经想报西工大。当时，老师一看就急了，因为她知道我这个人吃面食就会犯晕，中午吃了面条，下午就没法上课了。后来我分析过原因，小时候条件差，一般下面条的时候都是家里烧红烧肉了，肥肉吃不掉，就和剩下的肉汤一起拿来下面条，可能是太油腻了。平时饮食都比较清淡，面食也吃得比较少，一下子油水太多，肠胃适应不了。读大学以后，面吃得比较多了，也就慢慢习惯了。"

"当时，老师对我说，你报西工大干什么，就选个南方的学校算了，干什么跑那么远。家里的人也觉得，一个小姑娘跑那么远做什么，不如在上海或南京就行了，后来我就报了上海交大和南航。当时，我最想去上海交大学科技英语。由于考试成绩不理想，上海交大最终没上成，结果阴差阳错地进了南航。虽然当时我感到有些失落，但是现在看来，也挺好，可能命中注定就是要干航空的。"

学得最痛苦的一门课

在南航，姜丽萍学的是飞机设计专业。

这是一个听上去很酷的专业，但一开始，姜丽萍似乎并没有太大的兴趣。"实际上，学这个专业的女生很少，学成以后一直干这行的就更少了。刚进南航的时候，因为高考没考好，自己心里还是有些失落的。我在中学的时候，一直都是当学生干部的，到了南航，我对所有的社会工作都不积极，我想把自己的事情管好就行了。在学习上也不是很上心，成绩也就中等偏上一点。后来，有一个老师发现，每次她来我们寝室，不管是晚上八点钟来，还是六点钟来，我总是在床上睡觉。老师觉得很奇怪，就和我们班的辅导员说了。辅导员来问我，我说用不着那么学习啊，反正我的成绩也还可以……过了一阵子，辅导员找我谈话，说'你既然有余力，刚好我认识的一个人要找家庭教师，教一个初三的学生，要不你试试看。'当时，我一个星期去三个晚上，还要备课，时间一下子紧了起来。这样我只能多用点功了。一用功，成绩就到了年级前列。后来，我的成绩一直都比较好，老师们也都挺喜欢我的。"

大体而言，学习对姜丽萍来说不是一件很费劲的事，但也有例外。"在大学里,我学得最痛苦的一门课程就是机械制图。在中学的时候,我的数学不是班里最出类拔萃的,主要就是因为立体几何学得不好。我感觉自己的空间想象能力相对要弱一点。当时,教我们机械制图的是个女老师,她觉得不可思议:你别的课随便学学就挺好,这门课怎么这么吃力。为了帮助我,她有一段时间专门看着我做作业。结果,她服了,说看样子你是学不好。"

"我的特点是什么,我抬着头想,比如说这条辅助线要加在哪里,这时挺明白的,一低头看图,就迷糊了、辅助线飞了,也说不清究竟是为什么。后来老师说那算了,你就这样吧。机械制图这门课对我来说是一个难关,最好只能考80来分,再努力也上不去了。男同学普遍学得比较轻松,我看他们也不怎么下苦功,随便一考就是90多分。说实话,实在不是我不下苦功,我常常画图到半夜三更,从来没有一门课费这么大的劲。有一段时间,我挺担心的,以后还要学机械原理之类的课程,但是机械原理包括冶金课我比较轻松地就考了90多分,因为这些课程不完全和立体想象挂钩,我就可以学好。"

"本科毕业后,我在南航继续读研究生,专业也是飞机设计。一毕业,搞CAD设计又惨了,一天到晚和机械制图打交道。幸运的是,我们有了计算机,可以进行辅助设计。面对立体图像时,如果我想不明白,就转一个方向,可以看到后面的东西。所以,计算机可是把我给解救了。如果没有计算机辅助设计,我根本当不了总师。现在想想,真的是这个时代造就了我。"

这个大学生有点不一样

1991年,姜丽萍从南航毕业,获得飞机设计硕士学位,而后进入南航信息中心CAD中心从事航空科研工作。

这是姜丽萍的第一份工作,虽然专业对口,但不是很对她的脾气。"当时,现在这样的人机交互式软件还很少,一些应用软件要自己动手编程。我的主要工作就是编程,编一条程序生成一条线,若干条生成一个图形。说实话,这个工作听起来挺高大上,但不是很适合我。每天面对计算机,一坐就是八小时甚至更长时间,没人跟我说话,时间一长,我觉得干劲不大。结婚以后,爱人在东航工作,他在上海,我在南京,两地分居也不是回事,尤其是有了小孩以后,我就开始想调动的事情了。"

1995 年,通过人才引进,姜丽萍调入上海飞机制造厂(简称上飞)。从这开始,她算是接触到民机研制的第一线了。

谈起自己的工作调动,说起上飞,姜丽萍心里依旧是满满的感激。"上世纪90 年代,进上海工作挺难的,落户就更难了。上飞的领导很看重我,他们和我商量,让我先借调到厂里。我是当年 5 月份报到的,9 月份就被厂里送往国外培训。根据规定,在上海落户是要交钱的,印象中是两万块钱一个户口,厂里不仅把我的费用免掉了,还承担了孩子落户一半的费用。厂里对我的重视和帮助,多少年

姜丽萍在 C919 大型客机总装现场

来，我一直心存感激。后来，因为种种原因，我也曾经动过离开上飞的念头，但这种感情最终让我难以割舍……"

"正式到上飞后，考虑到我的专业，厂里提供了两个岗位给我选择。一个是信息中心，主要从事数据管理和数控编程，这和我原来在南航信息中心干的工作差不多。另一个是联络工程部，这个岗位既要用到计算机和三维数模，也要到现场和工人沟通，帮助他们理解设计意图。我实在不愿意天天光和机器打交道，就去了联络工程部。如今想来，我觉得这个选择是对的，比较符合我的特点，既能静下来思考问题，又有机会让我离开办公室和人打交道。"

从此后的发展来看，姜丽萍的这个选择对于她未来的职业发展有着决定性的作用。如今，回想起刚到联络工程部工作的情景，姜丽萍的话语中充满了暖意。

"刚进上飞，一帮人一起坐班车上下班，很多人都以为我研究生刚毕业，实际上那时候我的儿子已经两岁了。一些稍微年长的工人师傅说，这个小丫头挺好的，你以后多来现场，和我们搞好关系。一开始，我啥也不懂，还傻乎乎地问为什么。他们说，你不知道，你们这帮大学生看似水平很高，但缺乏实际操作经验，很多东西不懂，和我们工人搞好关系以后，你碰上问题就来找我们，我们就告诉你这个问题可能要这样处置，给你出出主意。不和我们搞好关系，我们也可以不告诉你，你可能想三天三夜都想不出来。"

"从我个人来说，我这个人的性格比较喜欢帮人忙，不管是当学生的时候还是后来到了厂里，有时候老师傅说看不懂计算机，让我帮看一下，我基本上是一叫就到。时间一长，工人们和我的关系都挺好的，他们说我和别的大学生有点不一样。从他们那里，我学到了很多课本上学不到的东西。这一段经历对我的影响很大，一直到现在，只要有时间，我每天都要到车间里转一转，和工人的关系也处得比较融洽，大家都觉得我这个人比较好打交道。现在，想起当年的事，我打心底感谢他们。"

到空客工作的机会

上世纪 80 年代"运 10"项目下马后，借助与美国麦道公司合作生产 MD82/83 飞机，上飞曾经红火了一阵，职工的待遇在上海也是令人羡慕的。

根据姜丽萍回忆，"1993 年以前，上飞的职工在上海工资算高的，各方面的待遇也不错。后来，由于缺乏大项目，上飞的发展开始遇到困难。1999 年，和麦道的合作终止后，上飞就更困难了。那时候，我的工资是 700 块钱一个月，其中的 200 块还是厂里给的特殊补贴。我在南航信息中心 CAD 中心工作的时候，加上科研补贴和培训补贴，一个月有 1 500 块钱左右。当时，人才流失的现象很严重，留下来的人真的很不容易，我也是下了很大决心才留下了的！"

机遇总是垂青意志坚强的守望者。1999 年，姜丽萍有了一次到空客公司工作的机会。"中航一集团和空客公司曾经有一个共同研制 AE100 飞机的项目。后来，空客方面终止了协议。作为补偿，空客同意接收中方派出的 15 名工程师到欧洲工作 3 年。为了派出合适的人选，中航一集团在下属企业中进行选拔。当时，分给上飞的是总装岗位，和我的专业并不是很匹配。到上飞以后，我一直在联络工程部，充当的主要是联络工程师的角色。为了确定推荐人员，厂里领导专门开会，决定派两个人参加考试，我是其中的一个。"

"为了强化我在总装方面的知识，厂里让我的前任总师专门给我进行突击培训。第一轮考试的时候，前面都很顺，专业和外语都没什么问题。面试的时候，考官问我在厂里从事什么工作。这一下，我有点纠结了。实际上，在面试之前，有些人就提醒过我，人家有可能会问你在厂里是干什么的，你不能说你是搞联络工程的，一定要说你是搞总装的工艺员。回答的时候，我犹豫了一下，最终还是决定要实事求是，我回答说自己是搞联络工程的。结果，我被刷掉了。"

"第一轮考试没通过，我也没觉得有什么特别的遗憾。不久之后，我突然接到通知,准备参加第二轮考试。后来才知道,因为这种合作项目出去的人待遇不是很高,条件比较艰苦,有一个同志放弃了,这样我便有了第二轮考试的机会。我临时接到通知,第二天就要考试了。由于事情很突然,我一点儿准备也没有,连自己的简历也没准备好。当天回家后,我和爱人商量去还是不去,他很支持。第二天早上 5 点左右,我们一起到他的办公室临时打印了一份英文简历,然后急急忙忙赶往考试地点。那一天,因为也没抱很高的期望,我特别放松,发挥得挺好。面试快结束的时候,我听见参加面试的老外和中方主考官小声说,这个人是我见到的最合适的候选人,我知道我考上了。"

老外看着慢,但效率挺高

1999 年,姜丽萍被中航一集团选派到空客英国公司参加 A318 的设计工作。在英国,她一共待了 2 年 4 个月时间,这一段经历让姜丽萍受益匪浅:在专业上,她接触到最新的飞机设计理念、技术和方法,使自己的专业技术能力有了明显提高;在家庭生活上,虽然一开始经济条件比较艰苦,但一家三口其乐融融,也都有了各自的收获。

"到英国以后,我在布里斯托工作,爱人也停薪留职和小孩一起过来了。这三年,对我们一家来说是很特殊的一段经历。我爱人在英国学习了一段时间,把英语练好了,原来他只会写,听、说方面比较差。孩子的英文也打下很好的基础。他去的时候刚好赶上英国小学一年级,语言方面学得很快。后来,他能考上剑桥大学,应该说和这段经历密切相关。"

"刚到英国的时候,我们在经济方面还是很艰苦的。一开始,只有我一个人工作,还要存点钱下来给爱人读书。小孩原来在中国还能吃点零食、买点玩具什么的,有那么三五个月全部给克扣掉了。一段时间后,我们发现小孩的情绪越来越不对,慢慢地变得不自信了,因为你老压制他的一些想法,我发现他的眼神

明显不对了,不活络了,所有东西都不敢要,包括向你提要求。孩子很聪明的,他知道提了要求也不会得到满足。这样下去可不行,我和爱人商量,再苦不能苦孩子,还是要尽量省一点钱出来给他买点玩的和吃的。"

"有一天,我们和孩子谈心,告诉他以后一个礼拜给你 5 英镑,你可以自己决定要买什么东西,或者你攒起来以后再买也可以。儿子听到后,一直盯着我看,问了好几遍这是真的么。当时,我的眼泪都要出来了。实际上,小孩很乖巧,买东西的时候都要货比三家,哪个最划算就买哪个。后来,我们的经济条件逐渐改善了,生活一天天好了起来,孩子的笑脸也一天天多了起来。"

刚到英国,除了生活方面的问题外,姜丽萍在工作上也遇到了不小的挑战。令人想不到的是,这种最初的挑战来自中国人的"勤奋"。

"英国人给人的感觉是工作节奏比较慢,不像我们这么勤奋,但他们干活常常是一步一个脚印,比较严谨,无效劳动比较少。我们有的时候看起来忙忙碌碌,但效率不一定有人家高。英国人的工作是很有序的,看人家慢慢悠悠地干活,但工程进展并不慢。"

"刚到英国工作的时候,一开始我有些不适应。比如在工作分配上,我的老外组长就很头疼。他们分配工作是有严格的工时依据的。举个例子,这一周组长给我分配了一项工作,按标准需要 40 个工时,我们中国人很勤奋,可能两三天就干完了,那剩下的时间组长就不知道让你干啥了。不久,就有外国同事和我说,你不要一上班就埋头猛干,要根据工时来调整工作节奏,保持团队进度的一致性。我的习惯是一接到任务,就赶紧把活干完,但人家老外画两条线就去喝杯茶、聊会天,一般是严格按照工时来做的。一段时间以后,我逐渐掌握了这一特点,每次接到任务,我还是抓紧做完,但不马上上交,等时间到了再说。空余的时间,我就看电脑里的资料,或者跑到图纸存放室看图纸。这样一来,我既不会破坏他们原有的工作节奏,又额外学到了很多东西。两年下来,我把能看到的材料都浏览了一遍。后来,一些外国同事在工作上遇到困难的时候,常常会来找我,让我想想办法,他们都叫我'小电脑',搞不懂我怎么知道那么多。其实,这都是平时自己学来的。"

在英国工作期间,尽管姜丽萍各方面的收获很大,但有一种感觉让她至今难以忘怀。

"在空客工作期间,老外介绍我的时候常常说这是中国政府派来的,背后的含义不言自明。办公室的座位安排也很有讲究,我的边上全是外国同事,一举一动都在他们观察之下。有时候,我去打印一份文件,往往就有个人过来和你聊天,看看你究竟打印的是什么东西。一开始,我还没意识到,时间一长也就明白了。"

"还有一件事给我留下了深刻的印象。平时,我到办公室是比较早的,一般人8点上班,我7点多一点就到了。一开始,这也没什么问题。有一次,我下班的时候忘了换鞋,走出去几分钟后想起来,就折回办公室,刷卡进去把鞋换了。这本来很正常。但是,从第二天开始,我7点45分之前就再也不能刷卡进入办公室了。我自己琢磨了一下,估计是他们发现了这个漏洞,调整了我的刷卡权限。那个时候,我就暗暗下了决心,总有一天我们也要有自己的核心技术。"

从 ARJ21 到 C919

上世纪70年代以来,中国曾经在民机领域进行过多次尝试,从"运10"到MD82/83,再到MPC75、AE100等,由于种种原因,这些项目最终都没有获得预期的成功。在高技术、高附加值的世界民用航空工业市场中,始终没有中国企业的身影。

新世纪初,中国再一次吹响了向蓝天进军的号角。2002年4月,ARJ21新支线飞机项目正式立项,急需各方面人才。

"当时,ARJ21项目组联系我,征求我的意见。我也没多想,能干上我们国家自己的民机项目，一直是我最大的心愿。最后，我和家人商量了一下，提前结束了和空客的合同。"

万事开头难。由于缺乏技术积累和项目管理经验，ARJ21 项目一开始就遭遇到很大的困难，一心想大干一场的姜丽萍也经历了一段极其艰难的时光。

"ARJ21 项目刚开始的时候，有一个阶段是挺难的。一开始，我们基本上是白手起家，啥也没有，一边建体系，一边建队伍，基本上是边干边摸索。2003 年，我成为上飞的总工程师；2004 年，我成为 ARJ21 项目的总工程师，压力一下子大了很多。当时，我比较年轻，厂里有 6 个副总师，年纪比较大，我称他们为'我的 6 个师父'。他们每个人都有各自的特长，都希望我能听他们的，希望我在项目上用上他们的经验，这常常让我左右为难。"

"有一次，实在是压力太大了，我跑到他们办公室对他们说：'在我的心里，是把你们当成师父来看待的，你们的年纪都比我大，是我的父辈，经验也很丰富，大家都是希望我能把这个项目干好，让上飞有重振的希望。现在，大家因为我听了谁的、不听谁的而不开心，我心里特别难受。我想，以后每天下午咱们找时间一起坐下来讨论些我不明白、难办的事，集体商量。一旦我作出决定，希望大家一起支持我，不要因为我听了你的意见没听他的意见，心里就有想法。'当时，心里也比较激动，说着说着，我的眼泪忍不住流下来。通过这一次敞开心扉的交流，大家之间的关系、我和他们的关系一下近了很多。此后，我每天下午 4 点钟左右就会到他们的办公室商量问题，大家开诚布公地说出自己的想法，一起出谋划策。现在回过头看，虽然这一段时间比较难，但也是我成长最快的一个时期。"

2008 年中国商飞公司成立，在 ARJ21 项目继续推进的同时，C919 大型客机项目也同步展开，这使得原本就捉襟见肘的人手更加紧张。

"C919 项目刚开始的时候，ARJ21 线上的人手本来就很紧张，抽不出很多人来，我们从外部引进了一些人，这些人来自不同的单位和部门，大部分都有一

姜丽萍在 C919 大型客机总装现场指导工作

定的经验。有经验是好事，但由于每个单位原来的做法和经验积累不同，每个人都将自己原有的经验带过来，不可避免就会产生一些矛盾和问题。"

"在 2009 年、2010 年的时候，压力特别大，那两年，我一开始是瘦了不少，然后一下子就胖了起来，主要是作息时间没有规律。那段时间，我两三点钟睡觉算是早的。饮食也没有规律，加班的时候，要保持体力和精力，有时就不停地吃东西。我这个人原来脾气挺好的，2003 年到 2008 年，在做 ARJ21 项目的时候，我几乎没怎么大声说过话，更不用说骂人。但是从 2009 年开始，脾气一下子坏了起来，一些同事开玩笑说我从淑女变成了悍妇。有一名同事和我说，他的高血压就是被我吓出来的。有一段时间，只要在办公室里听到我的脚步声，他的心跳就明显加速……"

"为此，我自己也挺苦恼的，为什么常常控制不了情绪。后来自己好好琢磨了一下，主要是因为心里着急。认识到这个问题以后，我有意识地控制自己的脾气。到 2010 年年底，整个项目体系已经建设得比较完整，队伍也逐渐成长起来，我的压力小了些，脾气也发得少了。现在，一般的工作都有章可循，我也比较放心，不像一开始那样要从头到尾盯着。"

从 ARJ21 到 C919，姜丽萍无疑是幸运的。她幸运地赶上了中国民机大发展的时代，可以在项目中一显身手，实践自己航空报国的理想。与此同时，创业者们也注定是艰辛的，要摘取大飞机这朵绚丽的"现代工业之花"，必须经历常人不曾经历的艰辛，付出常人无法想象的努力。

关键是队伍的传承

回味近 10 年的风雨历程，让姜丽萍最感欣喜的是，不仅 ARJ21 和 C919 两大型号都得到了发展，更重要的是形成了一个比较完整的民机研制体系，打造出一支比较成熟的队伍。

展望未来，C919 大型客机一定会成功

　　"经过这两个项目，我们确实有了长足的进步。尤其是在 C919 项目上，我们实现了很多突破，为将来型号的发展打下了很好的基础。比如说现在一些方案都是在实践中经过检验的，我们在探索的过程中也付出了不小的代价，将来发展新型号的时候，这些都是可以借鉴的，这比完全从头开始要轻松得多，也会少走很多弯路。"

　　"就 ARJ21 和 C919 这两个项目来说，我们的感觉也有很大的不同。ARJ21 因为是第一个项目，我们一开始有很多不懂的地方，一些供应商交上来的部件在总装的时候发现不匹配，装不上去，出现了很多不协调的问题。C919 在前期工艺策划的时候，我们是下了功夫的，所以总装过程就比较顺利，导管装配都是百分之百，结构就更不用说了。以前在 ARJ21 项目上吃的亏，我们在 C919 项目上都基本避免了。"

　　谈及将来，姜丽萍最大的心愿是能保持人才队伍的稳定。由于民机产业的特殊性，一家飞机制造企业的成长期往往需要 10 年以上，要实现盈利则需要更长的时间。例如，空客是由法国、德国、英国、西班牙等几个欧洲航空强国联手组建的，在发展初期也是困难重重，一直到成立 20 年才实现盈亏平衡。与空客相比，我们的底子要差得多，因此未来的发展之路一定不会一帆风顺。在姜丽萍看来，要实现持续发展，人才是关键，队伍是关键。

"我们现在的员工，年轻人占大多数。我目前最担心的事情就是这些年轻人刚刚成长起来，因为种种原因离开了。当年'运 10'和 MD82/83 项目结束后，上飞就走了好些人，出现了人才断档。这直接影响了以后民机产业的发展。"

"当年，和我一起干 ARJ21 项目的年轻人，如今有不少离开了。对此，我感到很惋惜，也很心痛。我希望我们的人才队伍能保持稳定。要做到这一点，需要国家和地方相关部门的大力支持，也需要我们自己尽最大的努力。只要保持发展好这支队伍，中国民机产业的未来一定是光明的！"

文 / 陈伟宁

用我们的智慧和汗水，让大飞机从蓝图走进现实

访 C919 大型客机副总设计师 傅国华

傅国华

C919 大型客机副总设计师

1973 年出生于上海。1996 年毕业于南京航空航天大学，就职于上海飞机制造厂，历任一车间制造工程部工艺员，支线飞机项目办公室副主任、主任工程师，经营发展部主任，供应商管理部副部长，上海飞机制造有限公司副总工程师，中国商飞公司 C919 大型客机总装制造 IPT 团队高级项目经理兼高级项目工程经理。2017 年 3 月起，任 C919 大型客机副总设计师。

"人这一辈子最难得的是，能够把兴趣爱好变成终生的职业和追求。能够用我们的智慧，用我们的双手，让一架架大飞机从一张张美好蓝图走进车间、走进机库、走上停机坪。从这个角度来说，我很幸福。"C919 大型客机副总设计师傅国华在接受笔者采访时这样说。

大飞机人的工作状态
长期"7·11"工作制，忙是第一个关键词

2017 年 10 月下旬的一个下午，上海下起瓢泼大雨。笔者从市区出发，驱车 60 多千米来到位于浦东新区祝桥镇的中国商飞总装制造中心浦东基地，采访 C919 大型客机副总设计师傅国华。

距离 C919 大型客机成功首飞已经过去 5 个多月，邀请傅国华等 C919 型号副总设计师们接受笔者采访，仍然是一件难度系数很高的任务。对于这些成天忙碌在 C919 研制一线的总师们来说，正常的节假日甚至正常的上下班都几乎是奢望，遑论接受笔者采访。傅国华的采访邀约，也是如此。

笔者和傅国华勉强算是"旧识"。早在 2013 年，傅国华作为中国商飞公司常驻中国航空工业集团洪都公司现场代表，在洪都跟踪检查 C919 大型客机前机身大部段生产工作时，笔者就曾电话采访过他。可是这一天一见面，傅国华还是给了笔者一个"下马威"。他和笔者握完手的第一句话是："我平常还真的不太喜欢接受采访。"

深夜，灯火通明的 C919 大型客机总装车间

　　的确，在 C919 这支型号总师团队中，傅国华算是"露脸"比较少的。互联网上仅有一次能查到和他有关的公开报道，还是在 C919 成功首飞时，他接受媒体采访的一个简短的报道。报道中，他主要谈了三个方面：C919 研制的客户意识、市场前景和自主知识产权。

　　"忙"是傅国华对"不太喜欢接受采访"的解释，事实上，也是自他 2008 年投身 C919 型号研制以来，始终伴随他的第一个关键字。

　　"比如，媒体报道我们大飞机人的工作状态，常常会提到'7·11'，就是一周工作七天，每天工作 11 小时。其实，说'7·11'还是'谦虚'的。"傅国华把手里拿着的一个空奶茶杯放在会议桌上，简单寒暄几句，打开了话匣子。"说实在的，我们平常工作的时候基本上就是这么一种状态，甚至常常比这种状态还要忙碌。我们已经很习惯于这种状态。"

　　傅国华的顶头上司、中国商飞的总制造师姜丽萍曾经在一次凌晨的现场研讨会上开玩笑说，这个 C919 总装制造团队的同志们像夜猫子一样，一过了半夜一点钟，眼睛就开始放光了。

上海飞机制造厂夜景，傅国华（左一）与姜丽萍（中）合影

"就像姜总说的，我们这个团队很多人到了半夜就精神振奋，开会讨论问题滔滔不绝，思路特别清楚。还真的有很多技术、工艺上的难题，是在半夜、凌晨攻克的。"傅国华笑道，"想想也不奇怪，一直加班，生物钟也适应了。大家也没怎么考虑加班不加班，或者加多长时间，只是觉得遇到难题了就一定得解决掉。就是这么一种简单、朴素的想法，还真的不是像电影或者电视剧上面演的，非得有个多么'高大上'的目标。"

一次，飞机电子设备舱要做一个工程更改，看似简单，只是把两根线换一下方向。结果傅国华带着一位工人、一位质检员，三个人一起从晚上10点多钟干到了第二天早上6点多钟。"主要是因为线缆所在空间狭小，又要尽可能不影响其他线缆、设备。"傅国华回忆，"三个人在一起想办法，边说边做，也没注意时间过去了多久。除了喝水、抽烟、上厕所，其他时间里我们满脑子都是在琢磨这个工作到底怎么做才是最好。"等全部做完，从车间里出来一看，天都亮了。三个人都很惊讶,怎么这个活儿干了这么久。

的确,当人们专注于某一件事的时候,时间的流淌就显得越发地寂静无声。从 2015 年 10 月浦东基地开始投用,C919 大型客机总装车间、部装车间的灯火就在无数个夜晚静悄悄地绽放。

在傅国华看来,总装制造团队在整个 C919 型号研制过程中所处的环节,也要求他们必须"7·11",必须埋下身去、默默付出。

"不是说我们团队喜欢长期加班,而是总装制造作为最后一棒的工作特性决定。"傅国华说,总装制造,汇总的既是国内外各大供应商交出来的工作成果,也包括前面工序中产生的各种问题。"一个是每周五,一个是逢年过节,我们这个团队总是特别忙碌。在我的记忆里,从 2002 年介入 ARJ21 项目、C919 项目到现在,我们团队基本没有过过一个完整的节假日,包括正常的上下班,开玩笑说都是一种奢望。"

在 2015 年 11 月 2 日 C919 大型客机成功总装下线之时,有一张照片受到许多网友点赞。照片前景是靓丽的 C919 大型客机首架机,背景是高高悬挂着的鲜艳的五星红旗,以及"长期奋斗、长期攻关、长期吃苦、长期奉献"的巨幅标语。这"四个长期",可以说是 C919 这支研制团队的最佳背书。

2017 年的国庆节是 C919 首飞后的第一个国庆节,傅国华说让他的团队奢侈了一把,享受假期。

笔者追问,休息了几天?

傅国华答,4 号一天。

C919 完美首飞在意料之中
好飞机是设计出来的,也是制造出来的

在驱车驶入中国商飞总装制造中心浦东基地时,笔者注意到一个细节,在

复材车间旁一大片空旷的草地上，竖着一排标语，上书"共和国的飞机总装制造中心"12个大字，在绿草映衬下，显得格外引人注目，传递着中国商飞人的自豪和自信。

也就是五六年前，这里还只是一片连野草都难以生长的盐碱地。

也就是三四年前，一座座飞机总装厂房开始拔地而起，中国商飞总装制造中心、试飞中心、中国航空工业强度研究所上海分所开始建设。

也就在两年前，C919大型客机第一架飞机开始在这里总装。

也就在六个月前，C919大型客机第一架飞机在全世界关注的目光中，在这里完成了首次的完美飞行。

美国CNN一位记者在评价C919完美首飞时提到，中国人提高了飞机首飞透明度的标准，现场直播驾驶舱史无前例。言外之意是，波音、空客这些"老前辈"在以往任何一款飞机首飞时都不曾现场直播驾驶舱，你们中国人胆子挺大、信心挺足。事实上，C919首飞79分钟，驾驶舱没有出现一个故障报警信号。

傅国华对此丝毫不感意外。

"好飞机靠设计，也靠制造。我们的C919飞机在设计之初就定位为世界一流的先进客机，许多设计指标比当时的同类客机高出一大截。"傅国华说，"这第一架C919飞机，是我们总装制造团队从头到尾、从零到整造出来的，飞机上的一钉一铆我们心里都很清楚，我们知道它是一款多么优秀的飞机。"

"我们总装制造团队的主要职责，就是把设计师脑子里面所想的一些东西，变成一个现实。"傅国华说，设计师更多考虑的是设计出一架优秀的飞机，而制造团队就要考虑这种设计能不能最终做出来，怎样更好地在制造中贯彻设计的思路、需求，怎样稳定地制造出来，等等。在他看来，设计和制造是相互依存的关系。既要能够设计得出来，也要能够造得出来，这样才是一个好的设计。否则，设计得再好，却造不出来，或者没有合适的方法把它造出来，那也是一个不可取的设计。反之，光靠设计在往前走，制造还处于一种落后的条件，是满足不了大飞机研制的这种高端复杂需求的。所以，C919 的总装制造团队一直致力于提高工艺技术能力，来满足、触动、推动设计，从而使得最终的产品有一个大的进步。

当然，设计和制造不可避免地会产生一些技术上的矛盾。举个例子，在C919 研制过程中，设计师们从技术先进性的角度出发，有时候设计得比较理想化，可能对现有的制造工艺来说会有些超前。再具体一点，比如在飞机上某个狭窄的空间，设计师分析了飞机载荷情况，希望在制造中不同的支架间最好没有间隙。但从制造的实际情况来看，这么狭窄的空间是不可能做到没间隙的。这个时候就需要双方进行充分的沟通，在尽可能满足设计预期的前提下，降低制造过程的成本和复杂性，提高产品的稳定性和成功率，也为将来的批量生产打好基础。

"在 C919 大型客机冲刺首飞的过程中，我们仔细研究了每一份数字图纸，做了大量的预演，和设计进行了反复的研讨，力求在上述的关键点中找到平衡。2017 年 5 月 5 日，我们看到了完美的首飞，这仅仅是最终的一个结果。"傅国华表示，在 C919 项目中，他特别崇尚的还是团队的作用。每个人在各个专业领域，在各个研制环节都会有不同的想法和看法，怎么把这些不同整合在一起，这是团队发挥作用的关键。

在傅国华看来，商用飞机项目，跟其他单纯地搞一个飞机型号项目，最大的区别就是，它最终的目的，不只是为了造出一架飞机，而是追求飞机的商业化成功。也就是说，不光要追求这个产品本身的性能，还要追求它的商业化。商业化正是中国大飞机在以往的几十年里从未真正涉足的领域，也是中国商飞当前面临的一大难点。

"法国和英国一起搞的协和飞机先进吧？世界上第一款超音速客机。可是结果呢？航空公司不愿买、乘客不愿坐，最后还是退出了市场。所以，飞机造得再好，也得让市场满意、乘客满意。"傅国华说，"中国商飞的愿景，就是把我们的飞机打造成飞行员爱飞、乘客爱坐、航空公司愿买的优质商品。"

和中国民机产业共成长
供应商的难题，就是我们的难题

习近平总书记 2014 年 5 月 23 日视察中国商飞时指出，中国的民机制造业走过了一段艰难、坎坷、曲折的过程，现在是"而今迈步从头越"。

诚哉是言，"从头越"的背景，是薄弱的民用航空工业基础，是十几亿人口的大国造不出一台发动机，是每年都要用几亿双鞋子或几亿件衬衫去换西方制造的一架大飞机。

在这一背景下，供应商管理成了中国大飞机面临的又一大难题。姑且不论 C919 项目的国际供应商都是世界一流的航空制造企业，2008 年才成立的中国商飞，要给这些拥有数十年甚至上百年历史的国际航空巨擘出题目、划道道，按中国人的标准和要求交付零部件，光是国内供应商的管理，就让 C919 的研制团队煞费苦心。

2013 年下半年到 2014 年，将近一年的时间，傅国华和 C919 项目团队的设计、制造骨干们一起，两三百号人，到国内 C919 各大机体供应商"家里"蹲点跟产。

为什么要跟产？傅国华认为，这正是和我们国家民机产业链发展的总体水平有关。国内机体供应商长期以来主要从事军品制造，也涉及一部分国外成熟民品的转包业务，主要是生产波音、空客的一些飞机部段。而 C919 大型客机处于研制期，型号新、材料新、工艺新、要求新，甚至连设计图纸都是创新的数模发图，这往往会给国内供应商带来比较大的困难。

傅国华告诉笔者，供应商的困难主要有三个方面：一是技术，C919 在机体结构上应用了大量先进的新技术、新材料，供应商用于加工制造的材料、工艺、技术、设备是不是跟得上；二是管理，传统的军品生产管理模式，和民机的项目管理模式，存在很大的不同；三是更改，和稳定、成熟的民机型号不同，研制中的民机型号，不可避免地会有设计更改、迭代，这对制造来说是个不小的考验。

为了帮助供应商尽快建立能力，适应 C919 项目紧迫的研制需求，从 2013 年开始，中国商飞公司开始组织设计、制造、质量等各类骨干，到各家机体供应商进行现场跟产，主要目的有两个，一是对产品质量进行现场管控，二是帮助供应商建立与 C919 研制需要相匹配的能力。

于是，江西、陕西、四川、辽宁、黑龙江、江苏……傅国华们开始跟着 C919 机体各大部段，转战大江南北。这一跟，就是近一年。

在傅国华记忆中，印象最深的是在洪都公司跟产。江西省及洪都公司参

C919 大型客机首架机中机身部段运抵上海飞机制造有限公司总装车间

与 C919 项目、服务国家战略的积极性非常高，洪都为此还专门成立项目实施主体——洪都商用飞机公司，主要承制 C919 的前机身大部段。但囿于自身条件，洪都在前机身大部段的研制中面临很大的挑战。从 2013 年开始，中国商飞公司开始委派设计、制造等人员到洪都位于南昌航空工业城的工厂跟产，高峰时期有 30 多人跟产。

从傅国华团队住的宾馆，到洪都公司所在的南昌航空工业城，有 40 分钟左右车程。每天一大清早，傅国华就和同事们一起，随着滚滚车流，到洪都"上班"。和上飞公司浦东基地一样，这个占地 25 平方千米的航空城，在 2008 年国家启动大飞机项目前，还是一大片荒地。短短几年，沧海桑田，让人不无感慨。

C919 在洪都碰到的最大难题是铝锂合金。第三代铝锂合金是 C919 项目上的一个亮点，在国际上都处于领先水平。与当时普遍使用普通铝合金的同类飞机相比，能够在同等强度下，大幅降低重量，从而提升飞机的经济性，带来较大的竞争优势。洪都相当于是在国内第一个吃"第三代铝锂合金"这个螃蟹，这就带来了非常多的难题。当时，商飞和洪都两支团队在一起，同吃同住同劳动，花了很大的精力攻克这块"硬骨头"。"洪都还从国外引进了当时国内第一台蒙皮镜像铣。这台设备的加工参数、测量方法、检验方法，正是两支团队一起琢磨出来的。"

说着，傅国华把空奶茶杯搁到跟前，中断了回忆。在他看来，中国商飞公司一直致力于打造民机产业体系，把主制造商-供应商当作"生命共同体"，从在洪都的这个跟产经历就可以很好地反映出来。"商飞和供应商就是相互依存的关系，就是我中有你，你中有我，一起攻关，一起成长。"他说，在 C919 项目研制的进程中，中国商飞既学习到了许多供应商的先进工艺、先进经验，也把许多国际先进的管理理念、管理经验带给了供应商，从而真正带动了整个中国民机产业的进步。

2014 年 5 月 15 日，C919 大型客机前机身大部段在洪都成功下线。这

长期奋斗

吊装 C919 大型客机中机身

个大部段包括前段客舱、前货舱和再循环风扇舱，是由蒙皮、客舱舷窗、客舱地板和承力部件等构成的筒状结构部段，包含零件 1 600 多项，涉及工装 1 900 多项。

这也是 C919 大型客机首个下线的大部段。

大部段运输
专车专线专人，14 个省市齐上阵

C919 总装制造团队遇到的下一个大难题，恐怕事先不少人都没有想到。

先来看一则"旧闻"：2014 年 7 月，美国蒙大拿州，一列载有 6 架 39 米长波音 737 飞机机身和 90 辆汽车的火车，在沿克拉克福克河行驶时脱轨，导致三架飞机的机身及 19 辆汽车坠河。

"其实波音、空客等国际一流主制造商的大部段运输还是很成熟的，蒙大拿这个火车脱轨属于极小概率事件，但也从一个侧面反映了飞机大部段运输的风险。"傅国华认为。

的确，对于拥有 102 年历史的波音和拥有 48 年历史的空客来说，飞机大部段运输并非难事。通常都是超大型运输机、多功能运输车、滚装船、火车……海陆空轮番上阵，怎么快捷怎么来。其中值得一提的是，空客用来运输世界上最大的民用客机 A380 部件的滚装船，还是一家中国造船企业制造的。

但是，对于成立还不到 10 年的中国商飞公司来说，C919 大部段运输还真是一个不小的考验。C919 机体主要供应商分布在陕西、四川、辽宁、江西、黑龙江等地，大部段需要从水路或者陆路运抵上海。水路也就罢了，陆路可不好走，一条条隧道、一座座桥梁成了摆在 C919 大部段面前的一只只拦路虎。

2015 年 4 月 21 日，为了解决 C919 大部段运输中存在的困难，第一次国产大飞机大部段运输协调会在北京举行。交通运输部、公安部以及沪、津、渝、苏、冀、川、鄂、辽、浙、皖、赣、鲁、豫、陕等 14 个省市的负责人与会,和中国商飞的团队一起,研究协调解决运输难题。在之后的两年,这样规模的协调会每年都会举行一次。

"尽管前期有过 ARJ21 飞机大部段运输的经验,但我们心里还是没底,毕竟 C919 要比 ARJ21 大上许多,有些 ARJ21 能过去的地方,C919 不一定过得去。而且,这几年我们国家的公路运输网络发展非常快,公路运输的线路也经常要进行调整。"傅国华说。

在国务院及各省市交通运输部门的关心、支持下,带着这些问题,总装制造团队把 C919 大部段公路运输的线路走了个遍。自大部段从供应商的厂房里装车开始,直到运抵位于上海浦东的总装制造中心部装车间为止。从车辆配置、改装,超高超宽问题协调,到道路安全隐患排查,以及与沿途各省市的协调,团队做了大量细致的功课,制定了详细的运输方案,甚至还在一些难点线路上用 1∶1 的模型进行了全过程的运输演练。

"车厢里每一个挂钩、铰链、传感器的位置、可靠性,一路上每一条隧道的高度、宽度,我们基本都烂熟于心。做这么多工作的目的只有一个,那就是让我们供应商辛辛苦苦造出来的飞机大部段,能够平平安安地运输到上海进行总装。"傅国华说,"那可是我们和供应商一起加班加点,克服了多少困难才造出来的'宝贝',真不能有半点闪失。"

国内各大供应商为了 C919 大部段运输也是使出了浑身解数,派出开路车、压道车全程护送。其中,西安飞机制造公司和洪都公司甚至专门给 C919 大部段定制了专车。

西安飞机制造公司承担的是 C919 的中机身中央翼大部段,长 5.99 米,宽 3.96 米,由中机身筒段、龙骨梁、中央翼、应急门组成,包含零件 8 200 多个,涉及工装 3 400 多项。这个大部段接近 4 米的宽度,几乎达到了目前公路运输的极限。西安飞机制造公司为此定制了一辆"蝴蝶车",即车厢两侧壁板能够像蝴蝶翅膀一样打开,方便大部段装卸。

洪都公司生产的前机身大部段则用一辆定制的"下沉式"货车运输。"这一个大部段的运输问题主要是超高。"傅国华介绍,"洪都公司委托中远物流运输。中远投入200多万元,改装了这辆C919'专车'。我个人理解,中远此举也是出于看好C919大型客机的前景。"

2014年8月24日,C919大型客机首架机前机身部段在中国商飞公司总装制造中心浦东基地完成交付。

眼看到这些"宝贝"从图纸变成现实,一个一个安全地运抵总装基地,傅国华团队里的年轻人们按捺不住心底的激动,自发地买来鞭炮,排成C919字样燃放庆祝。

数字化制造
再造工艺、流程、标准、体系,打造数字化工厂

和鞭炮一起点燃的,不仅是大部段成功运输的喜悦,还有决战C919总装下线的激情。

2014年9月19日9时19分,C919大型客机首架机在中国商飞新落成的总装制造中心开始结构总装,发出了以完成"机体结构总装"和"详细设计评审"为重点的攻坚令。"百日攻坚"的冲锋号吹响了。

对于总装制造团队来说,加班其实不难,早已是家常便饭。真正的挑战,来自C919飞机应用的一系列国际领先的新技术、新材料、新工艺,来自贯穿整个C919项目设计、制造、试验和客户服务等整个研制周期的数字化应用,来自高端复杂项目中对供应商特别是国际供应商的管理。

仅以数字化制造为例,C919大型客机在国内首次使用了许多先进设备,如前机身大部段制造所使用的蒙皮镜像铣,被洪都公司引进时全球仅有两套,

C919 大型客机装配现场

大大提高了前机身大部段制造的质量、效率和稳定性。同时，得益于全过程的数字化应用，C919 采用了大量的数字化标工，大到系统件、成品件，小到线缆甚至铆钉，都可以在飞机级的数字图纸中找到定位坐标，从而极大地提高了装配效率。

"以前我们搞飞机装配，就是'装装配配'，装和配的工作量差不多。通过数字化应用，我们把 C919 总装过程需要的'配'的工作量，几乎压缩到 0。"傅国华平实的描述中带着自豪，"比如制孔、埋头，以前可能需要 8 个工人一起干，现在用了数字化制孔技术，只需要 2 个工人，工作效率也明显提高。"

在容差分配方面，C919 大型客机也有了很大创新。"以前的容差分配模式，往往基于一系列复杂的计算，很难做到充分的系统化综合考量。"傅国华告诉笔者，"C919 导入并大量应用系统工程的理念，容差的分配在飞机级的顶层设计中就有了充分的考量。把工程希望实现的容差，通过工艺进行分配。假设总的工程要求是 ±1 毫米，层层分解到某个具体的零件上，容差要求可能是 ±0.1 毫米，由此来实现对整体容差的精确控制。"

除了数字化应用、柔性工装、自动化生产线等创新成果外，总装制造团队目前还在探索虚拟增强现实技术（VR）在 C919 总装制造中的应用。

"对于新机型研制批的操作培训，以及工程图纸中产品装配性、维护性、维修性的检查，VR 技术具有较大的应用空间。"傅国华认为，"工人戴上 VR 眼镜，能很直观地看到整个飞机三维模型，也能很清晰地看到将要操作的具体环境。这对于新员工的上岗培训也有较大帮助。"

"总装制造团队给自己压担子，瞄准国际一流水平，创新观念、创新技术、创新工艺、创新管理，目的只有一个，就是把我们的 C919 飞机真正打造成为能够广受市场认可的精品。"傅国华谈到，未来中国商飞上海飞机制造有限公司将继续深入应用系统工程的工具方法，持续用数字化手段再造工艺、体系、流程、标准，着力打造数字化装配工厂。

容易被人看到的是成果，不容易看到的是成果背后，为了钻研这些顶级制造技术，"7·11"没日没夜工作的这支可敬可爱的团队，所付出的心血和汗水。

21 年，当"长期奉献"成为习惯
"我最亏欠的是团队，第二亏欠的是我儿子"

傅国华所在的中国商飞上海飞机制造有限公司，承载了中国大飞机人太多的辉煌和心酸。上世纪 80 年代，中国第一架自主研制的喷气客机"运10"在这个共和国的飞机总装制造中心飞上蓝天。上世纪 90 年代，"运10"下马，麦道搁浅，民营企业高薪挖人的小摊子摆满了厂门口。

傅国华正是在 1996 年中国民机产业进入低潮的时候，怀揣着航空梦，到这

军大衣是傅国华在停机坪工作的标配

个厂子报到的。

"没法子，我从小就喜欢飞机，就一条道走到'黑'了。"傅国华笑道。1988年，初中就开始玩航模的傅国华，成功加入了当时在上海赫赫有名的翼风航模。转学到兰州后，傅国华把这个爱好玩出了水平，他造的一架弹射航模、一架牵引航模，还在兰州市的航模比赛上获了奖。"拿到了弹射模型类的冠军。"傅国华边说边比划模型的样子，"松木，纯手工，用了不对称机翼，在垂尾上加装弹翼，还装了方向舵。可惜，这个模型早就找不到了。"令人惊讶的是，20多年过去，这个美好的回忆仿佛历久弥新。

1996年，从南京航空航天大学机械设计与制造专业本科毕业后，傅国华又成功地把爱好"玩"成了职业。

然而，套用一句俗话，理想很丰满，现实很骨感。1996年的中国民机产业正在走向低谷，可谓一地鸡毛，傅国华所在的总装车间，"没多久人就几乎跑光了"。傅国华没有跑。

"虽然刚毕业，也有好几个单位想让我去，大学生在那时候还是很吃香的。"傅国华回忆，"可是我总觉得，我们国家的民机不应该就这么没落下去。"当时，尽管工人们没活儿干，都快揭不开锅了，但是总装车间的气氛还是挺好，大家想干活的热情还是很高。车间主任傅德信给大家鼓劲，带着大家想办法、找活儿干。"干过无人直升机、地效应飞行器，也干过电风扇、电冰箱、公交车，什么来钱干什么，总之不能让这一支队伍散得干干净净。"傅国华说。其中，总装车间参与研制的地效应飞行器，迄今近 20 年，目前仍在青海湖上服役巡逻。

谁知，傅国华这一留就是 22 年。谁知，中国大飞机在进入新世纪后，又能够迎着朝阳重新起飞。谁知，这位年轻的航空爱好者和中国大飞机一起成长，在国家这份大事业中找到了自己的小坐标。

2002 年，ARJ21 新支线飞机立项研制。2006 年，C919 大型客机立项。2008 年，作为实施国家大型飞机重大专项中大型客机项目的主体，中国商飞公司在上海正式成立。

2003 年，傅国华担任 ARJ21 支线办副主任。2005 年，担任支线部部长。2011 年，担任 C919 大型客机项目总装制造团队负责人。2017 年，担任 C919 型号副总设计师。

回首 21 年的成长道路，傅国华不无感慨："这么多年，我感觉最亏欠的是我们这一支团队。七成都是年轻小伙，或者刚结婚，或者刚养娃儿，为了大飞机这个事业，放弃了太多太多。"

傅国华觉得第二个亏欠的是才 6 岁的儿子。不分昼夜的加班，让夫妻俩 40 多岁才敢要孩子，也让才 6 岁的儿子知道了"C919"。"陪他的时候太少，儿子有时候被我说烦了，就会说'爸爸再见，爸爸去加班'。"傅国华的笑容里多少带着一些苦涩。"中国大飞机起步时已经落后太多，想要迎头赶上，只有不舍昼夜。

期待有更多中国产先进客机翱翔蓝天

我们中国商飞公司必定要经过这段痛苦的成长期。要坚信的是,不经历风雨怎能见彩虹,我们也必定会迎来中国大飞机更加辉煌的未来。"

结束采访,走出车间,天已放晴。就在车间上空,时不时能看到一架架国外产的大飞机,从浦东机场起飞,划破长空,消失在天际。

终有一天,更多的中国产先进客机,也必将翱翔在这个被誉为"共和国的飞机总装制造中心"的上空。

文 / 周森浩

志在长空牧群星

访 C919 大型客机副总设计师
中国商飞公司民机试飞中心总工程师 王伟

王 伟

中国商飞公司民机试飞中心总工程师
C919 大型客机副总设计师

1961 年 9 月生,辽宁鞍山人,硕士,研究员。1983 年毕业于北京航空学院电子工程专业,获工学学士学位。2002 年毕业于北京航空航天大学自动控制专业,获工学硕士学位。曾经担任沈阳飞机制造有限公司副总工程师,先后组织国产航母某型舰载机等多种型号飞机首飞工作。2012 年 6 月至今,任中国商飞公司民机试飞中心总工程师,C919 大型客机副总设计师。

在中国传统文化中,姓名有时是个很神奇的东西。即便是最微不足道的小人物,姓名中也可能隐藏着时代、国家、家族或者是家庭的某种密码。很多时候,光从一个人的名字就能大致猜测出他的出生年代和家庭背景。上世纪六七十年代,以"伟"字入名似乎是一种时尚,而王姓本就是大姓,因此在中国叫王伟的人很多。

百度搜索显示,中国目前姓名重复率排在第一的是张伟,排在第二的就是王伟。虽然王伟这个名字有些平常,但 C919 大型客机副总设计师、中国商飞民机试飞中心总工程师王伟却很有些不寻常。这位曾经负责过国产航母某型舰载机和 C919 大型客机试飞工作的人,有着一些很不寻常的故事……

"第一次看飞机,觉得老神奇了"

如果光从外表上看,你很难一眼看出王伟是哪里人。

高挑的身材,有些瘦削,鼻梁上架着一副金丝眼镜,斯斯文文,给人的第一印象应该是南方人。在 C919 进行滑行试验的时候,他常常身着一件白色工作服,坐在监控大厅最后一排居中的位置,长时间盯着电脑屏幕,几乎没什么言语,就是和身边的人交流,也常常是压低声音,隔三五步远,便几乎听不见他在说什么,但工作之余,和人聊天的时候,只要聊上三五分钟,就立即显示出自己的籍贯——那是一口明显的东北口音。

"我 1961 年出生在辽宁鞍山。干上航空这一行,自

己想来,应该是和小时候所处的环境有关。那时,离我们家不远的地方有一个军用机场,后来知道那是空一师的驻地。小时候,看见军人都觉得他们神气得不得了,要是看见军机,那可真能兴奋好一阵子。"

"有一次,我们家一个亲戚带我去机场看飞机,因为是军用机场,进不去,只能趴在铁丝网上远远地看,那个高兴劲啊!回来以后,在小伙伴面前炫耀了很长时间。现在想来,我对飞机的感情可能就是从那个时候开始建立的。"

人生,有时很奇妙,常常在不经意间,某次偶然的经历却对你的一生造成很大影响。当时,也许自己根本没有意识到,多年以后,蓦然回首——哦,这事的起因原来是这样的!

确保 C919 大型客机安全试飞,任重道远

王伟（左一）指导团队对 C919 大型客机进行航后检查

"这个专业的学生，将来哪都要"

1979 年，王伟参加高考，迎来了人生中第一个重要的转折点。

"我的考分还是挺高的。我记得很清楚，当时考分比我低的同学，有的还去了清华。那时和现在不大一样，大学的招生老师都是直接到学校进行宣传动员的。在填报志愿之前，学校把一部分同学召集起来，招生老师就开始进行宣传动员。当时，北京航空学院（北京航空航天大学的前身，简称北航）老师的话给我留下了最深的印象——我们北航的学生将来都是造飞机和飞船的，培养的是祖国最需要的人才……"

"当时，我有三个去向，一个是清华，一个是北京医学院，还有一个是北航。周围的人，包括母校老师给我的建议，就是在这三家高校中选择一家。大家的意见也不统一，有的说学医好，医生这个职业很神圣；有的说清华好，清华的牌子响；也有的说北航不错，但总的来说，赞成我去北航的人相对少一些。最后，还是要自己拿主意。我一听北航的老师说将来可以造飞机，就来劲了。当时，

C919 大型客机 10102 架机飞行试验

北航的老师还承诺，只要报北航，学校的八个系随便你挑，到哪个专业都行。最后，我选择了北航。"

"当时的学生对于大学里学什么专业这样的问题，事先考虑得比较少。实际上，我也不是很清楚自己到底应该学哪个专业，根本不知道哪个专业好。最后，还是听了老师的建议。因为我的数学成绩一向比较突出，老师就建议我到二系学微波，这个专业对数学要求高一些，我就这么去了。那个时候，有微波专业的学校不多。"

"刚入学，专业老师在跟我们新生交流的时候说，这个专业很有前途，现在你们好好学，毕业了，不管国内国外，哪都要，这个专业刚起步，学的人很少。就这样，我在北航读书了。"

"试飞是个靠天吃饭的行当"

1983 年，王伟从北航毕业。当时，大学生毕业主要是国家分配工作。由于每年招收的学生较少（1983 年全国普通高等学校毕业生人数为 33.5 万人，

2016年达到765万人),因此都是"香饽饽",很多单位抢着要。

"当时,分配一般是采取就近原则,你是哪个省来的,毕业了就回到那个省去。因为我是辽宁人,就回到沈阳,被分配到沈阳飞机制造有限公司(简称沈飞)工作。当时,沈飞还叫沈阳松陵机械厂,位于沈阳北陵的后面。我进厂以后,一开始在车间实习。说来也巧,实习结束后,厂里新成立一个叫飞行试验室的部门,我就被分到这个部门。此后,我一直干试飞,一干就是30多年。"

对于一般人来说,飞机试飞实在是一个很神秘的领域。充斥着各种高科技元素的飞机、帅到爆的试飞员、各种惊险刺激的动作……在让人感到敬佩之余,也让人产生无限遐想。也许是为了拉近距离,让笔者这个外行能够更好地理解试飞,王伟关于试飞的头几句话就让笔者大感意外。

"在很多人眼里,试飞是一项充满科技感的高大上的活动,这固然没错,但很多时候,和农业生产一样,试飞也是个'靠天吃饭'的行当。天气情况对试飞有很大的影响,大风、大雨、雷电等复杂气象条件对试飞都有限制,毕竟飞机没有最后定型,各个系统的功能还不完善,遇到一些特殊的气象条件,你就不能飞。所以,国内外新飞机的首飞,都要找一个合适的天气。"

"而有些特殊气象条件下的试飞,比如C919将来要进行的大侧风、自然结冰、高寒、高温高湿试飞,你又必须专门去找这些相应的气象条件。所以,试飞得靠天吃饭,这一点有些像农业。实际上,严格来说,试飞甚至有时候还不如农业。现在,农业上可以通过盖大棚等形式改变局部小气候,这个难度不是很大。试飞就不行了!比如说我们的ARJ21飞机在做自然结冰试验的时候,由于气象条件不具备,在国内做了4年都没做成,后来是到加拿大做成的。"

"干试飞,压力和喜悦都特别大"

在沈飞,王伟从飞行试验室的一名"菜鸟"技术员,到成长为公司副总工程师,负责国产航母某型舰载机的试飞工作,再到如今担任 C919 大型客机副总设计师、中国商飞民机试飞中心总工程师,组织 C919 的试飞工作。几十年试飞生涯中,他享受过成功的喜悦和荣耀,也品尝过挫折的焦虑和苦楚。这两种情绪,不断交织,贯穿在王伟的试飞生涯中。

说到试飞,王伟最大的感触是——"试飞这个工作确实和一般的工作不一样。试飞给你带来的压力特别大,那都是人命关天的事,一个小小的疏忽就很可能造成严重的后果。但同时,试飞给你带来的快乐也是很大的,那种成就感,一般的工作可能体会不到或者体会不多。在试飞中,这两种情绪的反差特别大,特别明显,需要有一颗大心脏。"

为了让笔者理解这种感觉,王伟举了一个例子。"在沈飞的时候,有一次,我们接受了一项试验任务。这项任务的主要内容就是测试某款飞机和某型导弹的协同程度。简单来说,就是要看导弹装在飞机上能不能顺利发射出去。为了这次试验,我带队先后进驻外场 3 次,遇到了很多意想不到的困难。"

"当时,做试验的外场是一个很偏僻的地方,周围是大片的戈壁滩。一开始的时候,驻地周围连一个杂货铺也没有,要想买点日常生活用品,都得做好计划,统一采购。晚上加班肚子饿了,想吃点夜宵,那也没处买。为了保密,驻地实行军管,每天晚上准时熄灯,没有什么娱乐设施,哪儿也去不了。我们每次进场试验,一般要待半年左右时间,最长的一次我们待了九个月。"

"生活上的艰苦还在其次,关键是发现了问题,却找不到原因,始终解决不了。更令人苦恼的是,有时候这个问题刚解决,下一次试验又出现别的问题。试验任务迟迟推进不下去,飞机没法定型,大家都感觉很'掉价',精神压力很大,窝了一肚子火。这种状态前后差不多有 3 年时间,真的让人很难受。"

"最后一次,我们总算发现了问题,完成了测试任务。我记得测试结束那一天,我中午饭都没吃。为什么没吃? 说实话,那个时候真不知道饿,3 年积累的压力瞬间得到释放,过了那个劲以后,感觉特别痛快。有一小段时间,甚至觉得自己处于一个真空状态，不知道究竟在想什么。任务完成后，大家感觉说话都理直气壮了一些，和以前明显不一样了。"

在 30 多年的试飞生涯中，还有一个场景给王伟留下了特别深刻的印象，那就是国产某型航母舰载机的一次试飞转场。

"那一次，我们要把飞机转场到一个舰载机基地去试飞。一大早，海军一位领导、中航工业集团领导和我们试飞保障团队人员，一起护送飞机出发。当时正值三九寒冬，天气十分寒冷，一路上，海军领导在前面带队，保障团队跟着，中间是飞机，后面还有其他保障人员和车辆。大家谁也不说话，我们呵护着飞机，真的就像呵护自己的孩子一样。二十几里地，所有人小心翼翼，哪里的路面不平，哪里的树枝可能影响飞机，我们都一一小心避过。实际上，对于这次试飞，飞机本身我倒不是很担心，因为飞机的主要系统和发动机我们心里都有数。但是，当天那个场景，那种气氛，以及心中油然而生的使命感和自豪感，让我终生难忘。"

"两年前就开始准备了"

2015 年 11 月 2 日，C919 首架机总装下线，中国商飞在浦东祝桥总装制造中心举行了一个简朴而隆重的下线仪式，继高铁、核电之后，中国制造的新"三驾马车"终于等来了国产大飞机。从这一天起，中国商飞试飞中心就格外受到关注，大家都在不停地问一个相同的问题——C919 什么时候能飞？

"实际上，试飞中心在飞机总装下线之前就已经开始了首飞准备工作。总的来说，首飞准备工作可以分成两个阶段，一是前期准备阶段，二是飞行阶段。为了打好这场'攻坚战'，试飞中心提出了'精、细、严、实、早、快'六字方针，要求将工作做细、做实、做早。"

"新机型或者是改型飞机的首飞，我也记不清自己具体组织过多少次了。

飞行试验监控大厅

但是，这一次 C919 的首飞，和以往有点不一样。首先，C919 这样的大型客机，在我国是第一次研制，我们基本上没有什么经验可以借鉴。大型民用飞机首飞的相关标准和组织流程，要我们自己去摸索、完善。其次，从队伍情况看，试飞中心是 2012 年 4 月 23 日挂牌成立的，时间不长，人员以'80 后'为主，总体上试飞经验不多，参与过首飞的就更少了。所以，首飞对这支年轻的队伍来说，挑战特别大。第三，试飞的场地和方式也是新的。军机试飞一般有自己的专用机场，设备、人员比较成熟，组织起来比较方便，而 C919 的各项地面试验和首飞要在浦东机场进行，这意味着每一次试验都要和机场、空管局、东部战区、适航审定中心等相关单位或部门进行沟通协调。一些地面试验，尤其是到了高速滑行试验以后有一定的风险，各种情况我们都要考虑好。比如，做试验的时候，飞机从哪进场，哪一方负责安全保障，如何加油；要是飞机出现异常情况，谁给出消防车，谁给出救护车，多长时间能到现场……总之，每一个环节都要和有关单位或部门协调好。此外，浦东机场是一个国际航空枢纽，每天有 1 300 多次航班起降，为了保证机场正常运营，我们的试验一般要在 8 点之前结束。这样一来，机务和场务等保障人员必须在凌晨 3 点左右开始各项准备工作。6 点之前，包括机组、设计、制造、监控等相关人员要全部到位并完成航前准备。C919 的地面试验集中在 2017 年初，那时正值隆冬，特别冷，机场附近的风又特别大，外场工作人员真的很辛苦。这样的状态持续了近半年，这一点也很不容易。"

"史上最严的机组选拔"

C919 首飞成功后，首飞机组成员机长蔡俊、副驾驶吴鑫、观察员钱进、试飞工程师马菲和张大伟成为众多媒体争相报道的对象，社会公众对他们日渐熟悉。然而，却很少有人知道，C919 的首飞机组是如何选拔出来的。

C919 首飞，是一个巨大的挑战，也是一份巨大的荣耀，国内很多优秀的飞行员都想争取这个"一辈子只能碰上一次"的机会。但究竟应该怎么选,采用怎样的标准,通过怎样的程序,选拔出来以后进行哪些针对性训练,这方面国内没有经验可供借鉴,需要试飞中心自己去探索。王伟参加了首飞机组选拔和培训的全过程,对此深有感触——"C919首飞机组的选拔,可以说是优中选优,比一般的飞行员选拔要严格得多。为了保证各项工作有章可循,选拔程序公开透明,中国商飞经过多次论证后,制定了机组选拔方案和培训方案。为了保证选拔过程的公正性,还专门成立了一个专家评审组,其中不仅有国内的专家,也有来自美国和加拿大的国外专家。"

"在选拔过程中,飞行员们接受了各种形式的测试。除了理论考试、实操测试等项目之外,还全部到民航飞行学院进行了专项心理测试。每一项测试都有一个相应的分数,最后由专家进行综合评定,给出合适的人选排名。根据这个排名,我们最终确定了首飞机组。"

2006年11月,首飞机组名单正式确定。此后,蔡俊等人就立即进行针对性训练。王伟介绍说:"在训练中,飞行员不仅要熟悉飞机,做到驾驶舱里的每一个按钮闭着眼睛就能摸到,还要熟悉正常飞行程序,将试飞大纲熟记于胸。此外,他们还要训练如何应对各种突发情况,比如说出现单发失效、双发失效、一发停车、活动面卡阻等意外情况,怎么把飞机驾驶回来。或者退一步说,怎么将不良影响降到最低,这对他们来说也是一个严峻的挑战。"

"值得自豪的三大创新"

在C919首飞过程中,有一个画面引起了国内外媒体和广大飞友的高度关注。在中央电视台的直播镜头中,多次出现驾驶舱实时画面。从传播的角度来说,C919首飞创造了世界民机史上的一项第一:通过安装在驾驶舱内的摄像机,第一次向全球观众直播首飞过程中的驾驶舱画面,这是世界上任何其他飞机制造商从未做过的。

对于这样一个"大胆"的举动,美国CNN记者评论说:"中国商飞提高了首飞直播的透明度标准。现场直播驾驶舱在任何文化标准中都是史无前例的,这充分反映了飞机制造商的信心。"一位中国网友在论坛上留言:"我原本没打算看完C919的首飞直播,但我没想到中国商飞有这么牛的现场直播!"相比之下,一些西方国家网友的留言则有些令人玩味——"波音、空客、安博威和庞巴迪,你们错失良机了。""这是不是意味着波音737MAX10和空客A330neo的首飞也会有驾驶舱现场直播?""CNN,你们一定要说服波音将来也这么干!"……

对于指挥大厅里的监控团队来说,这样的内容仅仅是他们工作的"冰山一角"。事实上,在每一次试验中,工程师团队都要对飞机的各个系统进行实时监控,然后通过海量数据对试验结果进行分析。

"在C919项目上,我们采用了很多新的监控技术,归纳起来主要有三大亮点。"王伟介自豪地介绍。

"第一个亮点是信号传输实时切换技术。首飞的时候,我们在祝桥、大场和南通设立了三个监测点,做到了'多地接收、数据融合、优化显示'。这一点一般人是看不出来的。在飞机飞行过程中,有些监测点受外界因素的影响,会出现信号不稳定甚至信号传输中断的现象。为此,我们采用了监控信号传输实时切换技术,一个监测点出现问题,系统会自动切换到信号正常的监测点,继续传输优质信号。这个过程依靠计算机自动调整,无需手工操作,基本上实现了无缝对接。在信号切换的时候,除了监测人员外,别人根本觉察不到。这项技术有两个好处,一是确保对飞机状态的及时掌握,二是可以及时了解监测点的情况。要是在试验过程中某一个监测点出了问题,我们可以通知该监测点的工作人员及时排除故障。

第二个亮点是实时暂停回放技术。这实际上是一项大数据实时处理技术,我们以前是没有的。C919在做地面试验的时候,监控大厅有50多台计算机,实时监控飞机各个系统的功能和状态。一般情况下,试验是持续进行的,数据传输也是持续进行的。形象地说,就是试验数据是不断'朝前跑'的。在试验过程中,要是飞机某个系统的状态突然出现异常,监视屏上的数据曲线就会出现跳动。有时候,这种变化就是一闪而过,监控人员想要回头去看看变化的原因,在原有技术条件下很困难。为了解决这个问题,我们开发了一个具有实时在线回放功能的数据处理软件。借助这个软件,监控人员可以随时让数据'停下来',往回'倒跑'15分钟,这样就可以及时发现究竟出现了什么问题,什么时候出现的,发展过程是怎样的。据此,监控人员可以比较快地找到产生问题的原因,及时提醒机组注意。

第三个亮点是试验数据并行处理技术。这也是试飞中心自行研发的。此前,试验数据的处理主要是采取串行的方式。每次试验结束后,工程师们将海量数据从安装在飞机上的各种记录仪器中导出来,到计算机上进行分析处理,进而形成分析报告。以前试飞的时候,白天做完试验,我们一般要到下半夜才能拿到数据。为此,中国商飞公司领导给试飞中心提了要求,要提高数据处理工作的效率。在C919项目上,我们采用了试验数据并行处理技术,将海量数据分成若干个数据包,以数据包并行的方式进行处理,这样可以大大提升工作效率。像C919首飞这样的试验,我们在试验结束以后4个小时左右就完成了数据处理,这在以前是没法做到的。"

"像高考之前的那种感觉"

从2016年底开始,C919就按照试飞计划开始了各项地面试验。虽然在试验过程中也发生了一些问题,但在设计、制造、客服和试飞等方面的共同努力下,机组和飞机的状态日益成熟。2017年4月下旬,飞机高速滑行尤其是抬前轮试验成功以后，已是万事俱备。

在焦急的等待中，首飞时间定下来了——5月5日。这一天，王伟都在忙些什么呢？"首飞之前的那天晚上，我睡没睡觉自己也忘了。我有印象的是这么几个场景：一个是飞机拖出机库之前，我到了机库，跟机务人员聊了聊，了解一下飞机的情况和手册执行情况。这些机务人员都非常年轻，碰上这么大的事，难免会有点紧张，我不能再给他们制造紧张气氛，而要给他们减减压。实际上，我们事先已经制定了详细的操作手册，只要按照手册操作，就不会出大问题。"

"然后，我把飞机送出机库，看着它被拉进浦东机场，就返回指挥控制大厅，开始首飞前各项准备工作，按照事先设定的程序，一项一项进行检查。"

"现在回过头想想，那个时候说一点不紧张吧，好像也不是。搞试飞那么多年，这样的场面经历过不少，没有理由太紧张。那个时候，脑袋里在想什么呢？应该是在想该走的流程大家走了没有？还有哪些没完成的事？哪个环节可能出现疏漏，检查过没有？总之，就是一项一项把事想清楚。"

"像我们高考的时候，就有点这种感觉。你把定理、公式这些知识点在脑袋里过一遍，看看有没有模糊的地方。过一遍后，心里就定了，到考试的时候，你就不会感到很紧张。可能，当时就是这么一种状态。"

"为什么飞了79分钟"

像C919首飞这样的大型活动，涉及方方面面，再加上飞行本身就具有一定的不确定性，出现一点瑕疵十分正常。C919首飞后，社会各界对首飞的组织工作不乏溢美之词，一些业内人士甚至表示，C919的首飞堪称"完美"。

在王伟眼中，C919的首飞担得起这个评价。"在我的印象中，首飞出现这样或那样的小问题，实在太正常了。像我们这次C919首飞，每个环节都组织得这么严谨，真的不多见。"

王伟（左）与 C919 大型客机首飞机组副驾驶吴鑫庆祝首飞成功

"举一个简单的例子，C919 在空中一共飞行了 79 分钟，这个时间是怎么来？实际上，在我们 2016 年设计的试飞大纲中，规定的飞行时间就是 79 分钟。为什么时间这么吻合？我们当初在设计大纲的时候，是一个点、一个点算好的，什么时候起飞，什么时候爬升到怎样的高度，什么时候转弯，什么时候执行哪一个试验点，这些都是一一设计好的。当然，最后要分毫不差地实现，首飞机组功不可没。实际上，这也从一个侧面反映出机组的能力和水平。"

"为什么首飞时间定为 79 分钟？我们第一次开会讨论的时候，79 分钟是一个比较一致的意见。79 分钟，尾数是一个 9，而我们的飞机是 C919，尾数也是一个 9。另外，就飞机的状态来说，这个时间长度也比较合适，国外有的飞机首飞只飞了 30 分钟左右，而 C919 的状态比较成熟，在首飞中要完成若干试验项目，飞行时间太短了完成不了。"

"时间确定后，我们的大纲设计人员就以此为根据，计算飞机的重量、重心是多少,拉杆几秒钟,多大角度,到哪里转弯,试飞工程师什么时候开始进行试验……总之,一个点、一个点全算出来。首飞机组再根据试飞大纲的要求,反复练习,烂熟于胸。所以,他们在上飞机之前,对于什么时候应该做什么动作,早就做到心中有数了。"

在王伟眼中,试飞大纲的制定具有很高的技术含量,也是试飞中心的核心能力之一。科学合理的试飞大纲,不仅能够提升试飞工作的效率,也能明显提高试飞的安全水平。

"我们为 C919 的每一项试验都量身定制了试飞大纲。像飞机的滑行试验,每次滑行速度如何控制,飞机跑多远能抬前轮,跑多远能使主轮离地,每一个细微的动作点,我们的试飞工程师都要计算出来。所以,C919 首飞成功,离不开整个团队的共同努力。"

"天气,天气"

俗话说:"天有不测风云。"对于新飞机的首飞来说,天气是一个很重要的因素。因为新飞机的各项系统在功能上还有待完善,因此首飞一般选在良好的天气条件下进行,这也是世界各国飞机制造商的惯例。

想起首飞当天的场景,王伟第一个想到的就是天气。当天的天气让他有些紧张——"说实话,飞机返场的时候,有那么一段时间,我是有些紧张的。当时,我在大厅里,心里主要想的就是天气。"

"天气一直是影响首飞决策的一个重要因素。在首飞之前的一个月,我就和首飞机组一起去上海市气象局,和有关方面的专家讨论未来的天气情况。但天有不测风云,天气的变化无法控制。根据预测,5 月 5 日这天的天气是不错的,但实际上和我们预期的有距离。那天早上,看看天气情况,我们都有点纠结。后来,公司领导在征求首飞机组尤其是试飞中心主任钱进的意见后,决定首飞。"

"起飞的时候,我不是很担心。原来我们有个希望,飞机起飞后,天气能往好的方向转变,结果未能如我们所愿,云层越来越低,能见度越来越差,后来还飘起了小雨。根据试飞大纲,飞机返场时,在滴水湖上空应该能看到地面的情况。但是,当C919飞抵滴水湖上空时,机组还看不到地面,这个时候,我的心一下子紧了起来。幸亏,机组不久就报告说,看见地面了。这时,我的心定了一些。"

"看到前轮落地,我心定了"

作为一名经验丰富的试飞指挥员,和现场的很多观众相比,王伟的胆子要小得多。对此,他的解释是——"人见多了,胆就小了!"

"我是什么时候真的心定了呢? 当飞机主轮落地的时候,我并没有特别的感觉。我知道这事还没完,要到前轮落地了以后才行。为什么呢? 因为只有前轮落地以后,飞机才能说是基本安全了。"

"我以前遇到过一起事故,当时,飞机主轮落地以后,我以为就结束了,准备离开监控大厅。不料,我突然看到飞机重新拉起来,第一感觉就是飞机出事了。果然,飞行员随即跳伞,飞机毁坏。实际上,飞机主轮落地而前轮还没有落地的时候,控制律还在起作用。如果这个时候控制律发生异常,飞机就可能产生升力,但此时的升力又不足,这种情况很容易导致飞机失速。一旦这个时候发生失速,飞机很难挽救。所以,看到飞机前轮落地的时候,我心里的压力瞬间释放出来。"

"此后,我的思想好像进入一个真空期,脑子里完全是一片空白,过了一段时间才缓过神来。这么长时间精神高度集中,脑子实在太累了,真的需要休息一下。后来,身边的同事跟我说:'王总,赶紧鼓掌吧! 大家都憋不住了!'这时候,我才回过神啦,带头鼓掌,监控大厅里的气氛一下就变了……"

文 / 陈伟宁

一个和 ABC 都有过亲密接触的人

访 C919 大型客机副总设计师 **邓小洪**

邓小洪

C919 大型客机副总工程师

1964 年 7 月生，江西人，研究员。1982 年，就读于北京航空学院自动化系电气工程专业。1986 年参加工作，曾就职于南昌飞机制造公司、洪都航空工业股份有限公司、空中客车（天津）总装有限公司，具有丰富的试飞工作经验。现任中国商飞公司 C919 大型客机副总设计师。曾获中航工业科技成果二等奖、陕西省国防科技进步二等奖等荣誉。

当今航空界，一些业内人士习惯用 A、B、C 指代三家重要的飞机制造企业。A，指的是欧洲的空中客车公司（Airbus）；B，指的是美国波音公司（Boeing）；C，代表的则是中国商飞公司（COMAC）。由于民机行业的特殊性，加上主要飞机制造商之间的关系有些微妙，很少有人能同时和 A、B、C 这三家企业有亲密的接触。在这一点上，邓小洪是个例外。

从洪都航空工业集团起步，20 年后成为空客天津总装厂的试飞总监，再到加入中国商飞，成为 C919 大型客机副总设计师，参与波音舟山合作项目谈判……与同龄人相比，邓小洪的阅历有些丰富，是一个有故事的人。

"考上大学穿皮鞋，考不上大学穿草鞋"

2017 年 5 月 5 日，C919 大型客机首飞当日，负责现场解说的是一名不太显眼的中年男子，他中等身材，浓密的短发略显灰白，言语中带着明显的南方口音。解说时，语速不疾不徐，给人一种举重若轻的感觉。这位临时"客串"的现场解说员，就是 C919 大型客机副总设计师邓小洪。

这样看上去一个普普通通的人，会有哪些不同寻常的故事呢？用当下流行的话来说，邓小洪的故事，是一个乡村孩子成功逆袭的样本。和那个年代大多数中国的农村孩子相仿，他的故事是从改变人生的一次考试开始的……

　　1964 年，邓小洪出生在距离江西省会南昌十几公里的一个小县城——新建。当时，这是一个典型的农业县，人口不算少，有 100 多万，但基本上以农业为主，没有什么像样的工业。

　　虽然在经济上并不发达，但当地有所学校却远近闻名——位于县城的新建二中，不仅是当地最好的高中，而且在整个江西省的排名也很靠前。很幸运，邓小洪的高中就是在这里上的。

　　上世纪 80 年代，高考录取率极低，能考上大学，哪怕就是考上一所中专，都是件很了不起的事。在邓小洪的记忆中，当时新建县城有十几万常住人口，每年能考上大学的不到 10 个人。

　　"考上大学穿皮鞋，考不上大学穿草鞋！"那个时代，一考定终生的意味很浓，当时的大学生也很有些"天之骄子"的意思，与如今的情况大不相同。

　　1982 年，邓小洪参加高考，迎来了人生的第一个重要转折。考试成绩很理

试验结束后，邓小洪对 C919 大型客机进行检查

211

想,总分 480 分,在县城的所有考生中名列第一,数学单科成绩第一。"这个成绩当时上复旦、交大都没问题,要是想上北大,可能专业要受到一定限制。"回想当年,邓小洪觉得自己还是挺牛的!

成绩这么好,皮鞋是肯定能穿上了。那么,该穿哪一双呢?这是个大问题。

"被老师'诱'去了北京"

最初,邓小洪是想学医的。因为外公是医生,邓小洪打小就对这个职业有一种特殊的亲近感。"一开始,我说要报中山医学院,家里人也都支持。现在回头想想,如果当时去了医学院,不管毕业后是回南昌还是留在广州,或者到其他城市,我肯定能成为一家大医院的主治大夫,这样也挺不错的。"

而根据数学老师的意见,他应该去学数学。"数学老师一直建议我学数学,说我在这方面有天分,我数学考了全县第一名。老师强烈建议我报复旦大学数学系,印象中,那时候苏步青还在当校长,复旦的数学系在全国也是数一数二的。"

医学?数学?向左走,还是向右走?

邓小洪有些摇摆不定,家人觉得能考上已经很棒了,至于学什么,还是自己拿主意吧!

始料不及的是,邓小洪最终既没有向左走,也没有向右走,他选择了直行,径直走向航空。

这一变化,源自一位招生老师的爱才之心。

那一年,北京航空学院(北京航空航天大学的前身,简称北航)负责到江西省招生的老师特别敬业,看到邓小洪的成绩和档案后,觉得这是一个不错的好苗子。新建离南昌不远,当时也没有手机之类的便捷联系方式,这位老师就把招生工作做到了家里,直接上门了。

第一次,除了表示诚意以外,老师给出的理由是——学航空,造飞机,多神气,这比学数理化好。"当时,我对北航的名字都不大熟,对飞机也没什么概念,没有被说服。"

第二次,老师开出更优惠的条件——只要报北航,专业任选。尽管如此,邓小洪仍然不为所动。

第三次,老师又上门了,除了游说邓小洪的父母外,还与邓小洪进行了长谈。

"最后是怎么打动我的呢?招生老师该讲的都讲了,可能也没辙了,就对我说,北京是首都,是中国最大的城市,你要去了北京多好啊!不上课的时候,可以去天安门,可以去长城,可以去故宫……我从没去过北京,一想去北京读书有那么多好处,就稀里糊涂报了。"说到这,邓小洪自己也禁不住笑了,"这或许是冥冥之中自有天意吧!"

这一选,让邓小洪的一生与飞机结下了不解之缘。

"那两次摔飞机,让我刻骨铭心"

1982 年 9 月,邓小洪第一次来到了北京。

在北航,邓小洪学的是自动化系电气工程专业。对于自己的专业,邓小洪总结说:"乍一看上去有点神奇,实际上是个万金油,机械、材料、电路、强电、弱电、计算机……什么都学一点,什么都学得不精。多年以后才明白,自动控制需要涉及多个技术领域,相互关联的东西自然很多。"

对于大学生活,邓小洪谈的不多,印象最深的就是两个字——学习。"应该说,那个时候的学风总体是不错的,我们班的学风特别好。理工科学生学的都是实打实的东西,学习很紧张,我们有几门课是比较难的,有两三个同学因为考试不及格最后都没能毕业,留级也不是什么稀罕事。"

　　毕业后，邓小洪被分配到洪都航空工业集团（当时叫南昌飞机制造公司）飞行试验室，正式干上了航空。

　　这一干，就是一辈子。

　　说起试飞，邓小洪首先想起的不是鲜花和掌声，而是鲜血和教训。在他的记忆中，自己亲历的两次摔飞机，尽管时隔多年，如今想起依旧十分心痛。

　　"第一次发生在 1988 年 10 月 19 日。"尽管过去快 30 年，邓小洪依然十分清晰地记得那个日子。"当时，为了推销强 5 改进型飞机，洪都邀请了 20 多个国家的大使和武官 10 月 20 日到现场观摩。10 月 19 日，我们进行了预演。为了充分展示飞机的性能，飞机不仅要飞得低，而且动作要复杂。这样的展示飞行风险是很高的。一旦有问题，飞行员作出反应的时间很短，也就一两秒钟时间。"

　　"当时，洪都电视台到现场拍摄，准备留下一些资料。第一次表演结束后，电视台记者表示拍摄效果不太好，跟指挥员商量能不能让飞机再飞一次，往看台方向再靠近一点，指挥员同意了。没想到，这一次飞机失速了，当时离地就一两百米高度，一下子就摔了下来，前后就一两秒钟。这是我第一次看到摔飞机，当时就跟做梦似的，人也有点懵，没弄明白为什么会这样？怎么就机毁人亡了？"

　　"出事的飞行员我很熟悉，他爱人也是我们单位的。出事的时候，她刚好出去办事了。知道这个消息以后，她像疯了一样，骑上自行车就往坠机的地点冲……"

　　"第二次摔飞机给我的印象更加深刻。1998 年 5 月 26 日，我又目睹了一次摔飞机，这次是一架初级教练机（初教 6），也是在做表演的时候低空失速了。飞行员在操纵的时候，想把动作做得漂亮一些，效果好一点，推油门的时候把速度减得太快，一下子飞机就掉了下来。飞机坠地时，离我只有 200 米，两名飞行员在机上。这两个人跟我关系特别好。这些年来，这个场景我做梦都梦到了不下 10 次。"

　　说起自己的职业生涯，邓小洪的语气有些凝重。在他看来，航空是一个高风险行业,稍有不慎,是要出人命的。也正是经历了这么多血的教训,他对质量、规章、程序的认知达到了一个新高度。

"喝过尼罗河水的人,终会再回到这里"

在洪都工作期间,邓小洪还有一段精彩的域外工作经历。

1999 年前后,中国和埃及签订了一个航空合作协议。"那个协议的金额有好几亿美元,在当时是一个很大的项目。协议主要包括三个方面内容:第一,埃及向中国购买 80 架 K8 飞机;第二,中方向埃及提供 K8 飞机总装线;第三,中方帮助埃及建设一个设计研发中心(ARC)。"

在协议执行过程中,前两项内容比较顺利。但在设计研发中心建设上,双方却产生了一些磨合上的问题。

"飞机设计研发中心的建设比较复杂,涉及很多专业,比如结构、强度、航电、信息化、材料等。这个项目由洪都飞机设计研究所牵头,我当时是飞行试验室主任,也参与了这个项目。"

设计研发中心建设不仅涉及大量的基建、仪器设备等硬件,而且要对埃及方面的人员进行培训。为此,洪都飞机设计研究所组织了一个由各专业骨干构成的技术支持小组,前往埃及承担实验室建设和人员培训任务。

"一开始,带队前往埃及的是 K8 项目的一位副总师。没想到,这位副总师带队去了埃及之后,一个月内发了三封电报回来,表示想尽快回国。"

由于专业技术过硬,英语又好,组织上考虑让邓小洪去埃及担任技术支援团队的领导。

"第一次找我谈话的时候,我没有接受。当时,我只是一个科级干部,在埃及的团队里有好几名处级干部,派我一个科级干部做领导,不合适。后来,组织上不断派人做我的工作。考虑再三,虽然知道这个差使不好干,我最后还是接

CERTIFICATE

This is to certify that Mr. Deng Xiaohong working as team leader of technical support for equipment installation, testing and training for ARC Labs and Centers from June 24 to November 27 2004. The service has been completed successfully.

C.E.O & Manager
Aerospace Research Center ACH

受了任务。"

一到埃及,邓小洪就切身体会到这真是个苦差使。一开始,工作非常吃力、被动。由于文化差异,中埃双方人员的沟通很不顺畅。埃及方面的领导层,包括研究所所长、副所长和很多高管都是退役军人。

"当时,担任研究所所长的是一名中将,几个副所长都是少将,准将就更多了。可能是由于经历比较特殊,这些人都非常强势。我刚到埃及的时候,经常早上一到办公室,电话铃就响个不停,一会儿是这个将军要我过去一下,一会儿又是那位将军要我过去一下。去了以后,马上就面对各种质疑,为什么这样,为什么那样,我一天到晚基本上处于疲于应付的状态。我一想,这样不行,每天忙于灭火,实在太被动了。"

一两个礼拜后,邓小洪基本摸清了门道,决心改变这一"被动挨打"的局面。他要"反客为主",主动出击。为此,他想出了两个招数:

第一招是主动出击,变被动为主动。"有一天,一上班,我就找到埃及方面的负责人,我和他说,从明天开始,每天一上班,我就上门拜访所长和几个副所长,了解项目存在的问题和你们的意见。回来后,及时进行任务拆解。每天晚上8点到10点,我召集各专业团队负责人开会,讨论存在的问题和下一步的对策。不管遇到什么问题,大家一块想办法解决。这样没日没夜地干了一个多月,留存的问题基本解决了,埃及方面也很高兴,双方交流起来轻松了很多。"

第二招是加强沟通,润滑感情。"经过一段时间观察,我发现很多问题其实是很简单的,但由于文化差异,彼此不了解,很多时候,双方花了大量的时间和精力讨论问题,结果却是误会越来越深。为改变这种情况,一有机会,我就主动和他们聊天。当时,埃及方面人员,包括办公室和一般的后勤人员,英语都还不错,我就用英语和他们聊天。我们的办公楼每层都有一个咖啡厅,上午和下午的'coffee time',我有空时就请他们喝咖啡。不管是埃及方面的领导,还是普通工作人员,我都和他们聊,海阔天空的,也不一定有什么主题。通过交流,大家慢慢就成为朋友了,事情也就好办多了。"

沟通顺畅了,项目的进展日益顺利。2006 年 5 月,建设项目基本完成。要离开埃及了,这时候,邓小洪有些为难了。

"接到回国通知的时候,我都不敢告诉他们。这些年下来,朋友太多了,怕他们要送别。当时,我急着回国,一是单位有事,另外家人也生病了。考虑再三,回国前一天我就和埃方副所长以上的高管告了个别。那天下班的时候,我背着包往大门走,突然看到几十个埃及人手挽着手,不让我出门。这些人大都是普通员工,包括办公室行政人员、资料员,甚至还有司机。可能是他们觉得我走得太突然,一时有点舍不得。"

"后来,我没办法,就和他们说,埃及有一句谚语——'喝过尼罗河水的人,终会再回到这里',我一定还会回来看你们。我喝了无数次尼罗河的水,肯定还要无数次到开罗来。大家又说了一会儿话,他们才放我出去,送我上车。"

"见识一下'巨无霸'是怎么干的"

大学毕业后到洪都,邓小洪一共在这里干了 21 年。从试飞站的技术员干起,后来当了专业组副组长,试验室副主任、主任,通用飞机设计研究所常务副所长,公司生产经营部副部长。可能他自己也没想到,在不惑之年,自己的职业生涯会迎来一次巨大的变化。

邓小洪的职业变化,要从空客公司的"津门之恋"说起。1985 年,中国引进了第一架空客 A310 飞机,空客首次叩开中国市场的大门。为了深耕中国市场,新世纪之初,空客开始探索与中方进行工业合作的可能性。经过漫长而艰巨的谈判,2007 年 6 月,空客与中方联合体正式签署关于在天津滨海新区建设 A320 飞机总装厂的合同。

合同签署后,中航方面开始选拔拟派往 A320 飞机总装厂的中方高管。当时，最主要的条件有两项：一是业务精通，二是英语要好。

"当时，想去的人不少。搞了一辈子飞机，都想能有机会看看空客、波音这样的巨无霸是怎么干的。和其他人相比，我有一个优势，我的英语不错，尤其是口语。上世纪90年代初，我自己自费到江西师范大学外语学院进修了一年英语。后来到埃及，工作中也使用英语，这方面保持得比较好。所以，中航方面推荐技术支持高级经理这个职位候选人的时候，实际上只有我一个人。"

当然，中方推出的候选人还必须经过空客方面的面试。"2007年9月的一天，我突然接到空客天津总装厂筹备组的通知，让我第二天中饭之前赶到天津，接到电话时已经是下午6点，我正准备下班回家。当时，去天津的航班已经没有了，我只好第二天一早乘坐最早的航班直飞北京，然后赶往天津，总算按时到了面试地点。下午2点，面试开始。面试我的人是空客天津的首席运营官，一个德国人。我按照惯例准备了简历、毕业证书、获奖证明等很多材料，装了一大塑料袋，不料他连塑料袋都没打开，主要就是和我聊天，家长里短的，工作经历也涉及一些。聊了3个小时左右，他说面试结束了，邀请我和一些老外共进晚餐。吃完饭以后，我问他还有什么事，他说没事了，你可以回去了。我当时有点莫名其妙，不知道究竟行还是不行。之后，大概过了一个礼拜，筹备组打电话正式通知我，说我已经被录取了。"

2008年1月1日，已过不惑之年的邓小洪北上津门，开始了一段新的职业生涯。

"有一种脱胎换骨的感觉"

邓小洪在空客的第一个职务是"技术支持高级经理"，具体负责飞机总装和工装设备方面的管理工作。"一开始的时候，我手下有四五个老外，德国人、法国人、西班牙人都有，下面有五个部门，员工总数在30人左右。"

邓小洪在空客天津总装厂工作期间留影

在这个职位上,邓小洪干了两年多。其间,给他留下印象最深的就是空客对于质量的管控和极高的工作效率。

"当时,总装厂一共 500 多人,一线员工也就 350 人左右,却可以做到一个月交付 4 架 A320 飞机。"

在邓小洪的脑海中,空客关于员工培训和质量授权的制度,给他留下了极其深刻的印象。

"空客的员工培训很有特点,越是基层的员工,培训的机会越多,时间越

长，科目越多，标准越严，要求越高。这和国内很多企业不一样。想想也有道理，基层一线的员工是直接和飞机打交道的人，质量问题和他们密切相关。对于总装线上的一线员工，空客的培训周期是两年半，国内培训一年半，国外（图卢兹或汉堡）培训一年。"

"比如新招聘的员工，空客首先和你签的是培训合同，而不是正式的录用合同，也就是说你只有一只脚踏进了空客的大门。然后每个员工都要经历四个阶段的培训，包括理论和实操等方面的内容。每一个阶段结束后都要考试，只有通过考试才能进入下一个阶段。每通过一个阶段的考试，员工的工资就相应增加。如果通不过，那就只能被淘汰。一般来说，新员工的淘汰率在 30% 左右。只有四个阶段的培训全部通过后，空客才和你签正式合同。这个时候，你才算是两只脚踏进了空客的大门。"

成为正式员工，仅仅是个开始。接下来，还有很多不同的资质等级等着你去努力。

"空客的质量管控体系中，还有一个很重要的工作授权制度。新员工通过培训后，被分配到各个工作岗位，这个时候你是没有工作授权的，不能独立操作，只能跟着师傅干，你的工作成果必须经过质量人员的检验。只有经过一定次数的累积后，你才有可能得到授权。举个例子，你是发动机安装岗位的，只有跟着师傅装过至少 6 台发动机，每次质量都合格了，再经过专门的考试，才给你工作授权。"

"工作授权也是有各种阶梯的，首先是基本工作授权。授权的层次不同，工作内容也不一样。总的来说，授权层次越高，能干的活就越多。当然，收入也就越高。假设你这个岗位涉及 100 种工作，有 100 份工单，你的授权层次低,只能干其中的 30 种。干了一段时间后,如果你没有出质量问题,可以申请进行授权升级,考核通过后,可以得到高一层次的授权,可以干的活相应增多。这样一级一级往上升,到最后,100 种工作你都可以干,而且你还可以作为质量监督员,检查别人的工作。有这样一种严密的管理体系作保障,空客的产品怎不让人放心?"

对于在空客工作的最初两年,邓小洪的总结是——"有一种脱胎换骨的感觉"。对于一名已经工作了 20 多年的老航空来说,要产生这种感觉是不容易的,个中滋味值得琢磨。

"你的名字代表着按时、按质交付飞机"

2010 年 6 月,空客天津总装厂的德籍试飞总监工作合同到期,要寻找一名继任者。对于总装厂来说,试飞总监是一个特殊而重要的职位,空客方面起初准备从图卢兹或汉堡再选派一个人来天津。

"空客方面选了一圈,一时没有合适人选。你知道,不是所有空客的员工都能说流利的英语。此外,这个职位还需要具备试飞方面的知识和管理经验,而我刚好具备这些条件。后来,中方就推荐我担任这个职务。一开始,外方高层觉得不行,因为试飞是一个核心部门,他们担心我在技术上吃不透。但我对自己还是很有信心的,毕竟试飞搞了那么多年,在技术上应该没有问题。后来,中方建议可以先试一下,如果不行再换人。外方最后同意了,我被调去担任试飞总监。"

邓小洪再一次回到了自己熟悉的试飞岗位。只不过,这一次,他试飞的是空客 A320 飞机。大飞机的试飞,以前他是没干过的。

"和上一个部门不同,这个部门的员工以老外居多,尤其是关键岗位全是老外,像飞行员、试飞工程师、质量工程师等。我干了两三个月以后,公司正好搞一个大型的晚会,首席运营官挨桌敬酒,到我这桌的时候,他问我为什么你们部门的人都说你的工作能力很强。如果只是一部分人这样说,那很正常,但很难想象所有人都这样说,你有什么秘诀……这个时候,我知道自己通过考试了。"

在试飞总监这个岗位上,邓小洪一口气又干了两年多。在此期间,经他手一共交付了 100 架 A320 飞机。由于表现出众,他的名声飞到了汉堡和图卢兹上空。

"对于我这个岗位,空客考核的关键绩效指标(KPI)主要有两个:一个是准时交付率,第二个是质量完好率。很幸运,我担任试飞总监期间,两个指标全是百分之百。你知道,空客原来有 3 个总装厂,图卢兹、汉堡、天津各 1 个。此前,3 个总装厂从来没有出现两个指标都是 100% 的情况,要么是没有按时间节点交付,要么是出现了质量问题。我在空客工作的时候,图卢兹的准时交付率在 60% 左右,汉堡大概在 70% 左右,能达到 80% 已经非常不错了。我一下子干出两个 100%,而且不是一个月两个月,不是一年,而是两年多,这让我觉得非常自豪。"

为什么邓小洪格外自豪?这可能源自他心中的一种情结。"刚到空客天津工作的时候,一些外籍员工,尤其是一些德国籍的员工显得有些高傲。他们认为德国人素质一流,德国制造是最好的。当然,德国制造确实不错,但我就是有点不服气——德国人能够做到的,中国人为什么就不能做到?通过努力,我在两个岗位上,不仅得到了老板的认可,也得到下面员工的认可,业绩也受到整个集团的公认,这让我感觉非常自豪!"

如今,在邓小洪办公室的橱窗里,摆放着一件纪念品。这是一个空客 A320 飞机垂直尾翼的模型,上面写了一段文字:"Deng Xiaohong, On the occasion of the 100th Aircraft Handover to the Delivery Centre, we would like to thank you for your appreciable performance as Director of the Airbus Tianjin Flight Line. Your name stands for on time and on-quality.

Deng Xiaohong,

On the occasion of the 100th Aircraft Handover, to the Delivery Centre we
would like to thank you for your appreciable performance as Director of the
Airbus Tianjin Flight Line. Your name stands for on-time and on-quality delivery.

Airbus (Tianjin) Final Assembly Company Limited.

General Manager   Deputy   Head of Operations
Tianjin 18.09.2012   General Manager

空客天津总装厂赠予邓小洪的纪念品

（邓小洪，在完成第 100 架飞机交付的特殊时刻，我们非常感谢你作为试飞
总监为公司所做出的贡献，你的名字代表着按时、按质交付飞机。）"后面的
署名是空客天津总装厂总经理、副总经理和运营总监。虽然这个小礼物很简
单，也不值钱，但在邓小洪心中的分量却很重。

后来，在邓小洪离开空客前，公司特地为他举行了欢送晚宴，所有高管都
参加了。在致辞中，空客天津总经理说："邓先生，不光在天津，你的名声在
图卢兹和汉堡，甚至整个空客集团都广为人知。在空客的历史上，从来没有
出现过 100% 按时交付、100% 质量完好的，你是一个魔鬼式的人物，一定有
你的独到之处……"

"其实，我既不是魔鬼式的人物，也没有什么很特别的地方。如果说有什么

做得比较好的地方，我觉得自己在工作中原则性比较强，比如在试飞总监这个岗位上，为了确保交付时间和飞机质量，我始终坚持三条原则。"

"第一条，飞机从总装车间出来交给我的时候，允许有一些未完工项目，但一定要有一个明确的清单，详细说明存在哪些未完成项目，是什么原因造成的。当然，这些未完工项目是有一定范围的，肯定不能影响试飞安全和飞机质量。"

"第二条，飞机的地面试验没完成，我不接收。这一点没有任何商量余地。为什么呢？因为地面试验没做完，可能存在很多隐患。举一个例子，比如说家里装修房子，装线、装灯、装开关，这属于总装工作，地面试验的目的是试一下电路通不通，灯能不能亮。地面试验没完成，可能有很多隐患，出了问题，你也不知道是开关坏了、电线短路，还是灯泡有问题。一旦返工，就会造成无谓的时间和资源浪费，更别说会导致飞行事故了。"

"第三条，回溯反馈。对于第一条中提到的未完工项目，一定要有严格的回溯反馈机制，包括问题解决的时间进度表和方案。而且这个时间节点和方案一定要在我能接受的范围内。否则，对不起，拒绝接收。"

邓小洪的三条原则，听上去一点儿也不复杂。不过，要日复一日地把哪怕是最简单的原则坚持好，那本身就是很不简单的事。

"还是想搞中国人自己的大飞机"

2012年，在空客天津总装厂工作了4年多时间后，邓小洪再一次迎来人生的重大转折——他从津门南下上海，加入中国商飞，成为中国大飞机队伍的一员。

邓小洪再一次跳槽了。如果说前一次跳槽，是为了见识一下"巨无霸"是怎么干的，同时收入也增加不少。那么，这一次跳槽是为了什么？

"实际上，作出这个决定也不容易。我的一些同事，不管是中国人还是外国人，都感到很吃惊，家人也有一些想法。毕竟在空客干得挺不错，各方面关系都理顺了。但是，我心里还是想为中国人自己的大飞机出点力，我们航空人大多有一种报国情怀。另外，我想换个环境再挑战一下。那时候，我手上已经交付了100 架飞机，再交付 200 架、300 架，也就是那样，按部就班，好像缺乏点挑战性。中国商飞成立以后，有不少商飞的领导到空客天津来参观交流，很多时候都是我出面接待，一来二去和商飞也慢慢熟悉了。后来，商飞准备组建试飞中心，开始和我联系，问我愿不愿意过来。我觉得这是一个不错的机会，决心再挑战一次。"

2012 年 9 月，邓小洪加入中国商飞公司，担任新成立的试飞中心副总工程师。当时，试飞中心刚组建不久，人马不齐，万事待兴。"那个时候，ARJ21 基本在阁良飞，试飞中心去了一部分保障人员，主要做一些辅助性工作。C919 的交付还早，整个中心的工作不多。这个时候，正好可以下大力气抓队伍建设。于是，我向中心领导提出一个设想，能否参照空客的培训和资质授权体系对员工进行培训。这个设想得到中心领导的大力支持，并决定由我具体组织实施。"

"在培训组织方面，我是有经验的，在空客的时候就干过。于是，我找了几个年轻人，开始进行课程设置和教材编制。培训老师一部分是商飞内部的专家，制造、研发、客服各个部门都有，还有一些老师是从外部机构聘请的。2012年我们就和厦门太古飞机工程有限公司进行联合培训，主要有两种模式：一种是基础理论培训，请他们派老师过来，这样可以节省一些差旅费；另一种是实操培训，我们当时不具备条件，就分批派人去学。这样前后花了一年多时间，基本上把第一批人培训了一遍。和空客一样，我们的培训也要进行严格的考试，并根据考试结果和工作表现进行授权。当时，第一批学员中拿到授权的也就十几个人。这些人后来大多成为各个部门的骨干。当然，员工培训是一个长期持续的过程，不是'一锤子买卖'，完成初始培训后，每年还要进行复训，然后一步步打开授权。为了鼓励员工认真参加培训，我还向中心建议，根据培训情况和授权等级,适当区分津补贴。不过,这个没能得到执行。但最起码获得授权的人,机会多,重点型号、重点任务优先考虑,这个是肯定的。"

经过培训,再加上引进了一些经验较为丰富的适航、质量、机务和场务等方面的人才,试飞中心队伍能力得到很大提高。"到了 2014 年,我们接收 ARJ21 飞机的时候,上手就很快了,基本上是无缝对接。如果当初没做好这些打基础的工作,我们承担 ARJ21 的一些试飞科目就不会那么顺利。经过 ARJ21 的实践后,我们的工作程序基本都理顺了,各个部门和岗位的工作人员也都各司其职。后来进行 C919 滑行试验,什么时候要做什么事,出现问题应该怎么处理,我们基本上做到了心中有数。当然,C919 首飞成功以后,我们还有大量的适航取证试验要做。大型民用客机的适航取证在国内还是头一回,肯定有很多挑战要面对。"

"波音有很多方面值得我们学习"

新世纪以来,中国民航业持续高速发展。根据波音和空客两大巨头预测,未来 20 年,中国将需要至少 6 800 架新飞机,总价值超过 1 万亿美元,中国将成为世界上首个价值超万亿的市场。

2013 年前后,波音就开始与中国有关方面接触,探讨在中国建立 737 系列飞机完成和交付中心的可能性。

"我认为这件事对中国航空工业发展还是有益的。首先,我们的 C919 要适航取证,要真正形成量产还有一段较长的时间,中国的市场足够大,这块蛋糕也够分。其次,作为世界上首屈一指的飞机制造商,波音有很多方面值得我们学习。虽然与研发相比,完成及交付中心的技术含量没有那么高,但在供应商管理、质量控制、员工培训、试飞等方面,还是有很多可学的东西。此外,有了合作项目,双方的往来就会更加频繁、深入,我们搞民用飞机,必须要与国际接轨,必

舟山波音 737 系列飞机完成和交付中心建设现场

须要国际化。通过和波音的合作，可以让我们的眼光更加国际化，大门可以打得更开，可以吸收更多先进的经验。"

虽然双方都有合作的意向，但好事多磨，谈判过程一波三折。2015 年 9 月，中国商飞与波音签署了关于在中国建立 737 系列飞机完工和交付中心的合作文件，双方将共同出资建立合资公司。后来，合资公司的地址被定在浙江舟山。

"实际上，这个项目最终能谈下来也很不容易，整个项目涉及方方面面。举个例子，像在机场和试飞空域这一块，就花了不少时间谈判。737 飞机完成总装后，要在舟山进行生产测试试飞和交付试飞，舟山机场的哪些条件满足，哪些条件不满足，我们都要梳理出来，跟波音的专家一块讨论。在谈判中，试飞空域的确定就几经反复。波音在西雅图有自己的空域，长宽都是几百千米，范围非常大，飞机上去以后随便怎么飞。在谈判的时候，波音方面也要求我方提供一个长 370 千米、宽 185 千米的空域，这个条件中方根本没法满足。一时间，双方就僵在那了。"

"后来,我建议波音公司先把737飞机生产交付试飞的剖面数据给我。与此同时,要求波音派试飞方面的专业人员来中国谈。一开始,波音派到中国谈判的主要是一些项目管理人员,在试飞方面不是很懂。后来,波音派了一名机场管理人员和一名试飞员过来,专门讨论这个问题。我们在舟山碰头,对方提要求,我给他们出方案。根据他们的要求,我先后设计了四五套方案,总的思路就是用航线加一个小空域来解决问题。每一套方案我都进行详细解释,哪些高空试验科目在哪里做,哪些中低空试验科目在哪里做,这下他们基本上没话说了。后来,方案传回美国后,波音总飞行师也同意我的方案,这个拦路虎才算真正解决了。"

经过漫长的等待,2017年5月11日,波音737系列飞机完工和交付中心项目正式在舟山开工,进入实质性实施阶段。

文 / 陈伟宁

他们，与C919一起翱翔蓝天

访C919大型客机首飞机组

人物基本信息：	参与试飞任务：

机长｜蔡俊
出生年月：1976 年 8 月
开始飞行年份：1997 年
总飞行时间：10 300 小时
主飞机型：A320 和 ARJ21

在 ARJ21飞机型号研制过程中，参与了检飞、航线演示飞行、RVSM 研发试飞等任务。在 C919 大型客机型号研制过程中，参与了工模和铁鸟控制律评估、驾驶舱评估、正常及非正常程序编写等任务，完成两次首飞演练、两次滑行预试验、低速滑行试验、中速滑行试验和高速滑行试验等任务。

副驾驶｜吴鑫
出生年月：1975 年 5 月
开始飞行年份：1997 年
总飞行时间：11 500 小时
主飞机型：A320 和 ARJ21

在 ARJ21飞机型号研制过程中，参与了检飞、生产交付试飞、RVSM 研发试飞等任务。在 C919 大型客机型号研制过程中，参与了工模和铁鸟控制律评估、驾驶舱评估等任务，完成两次首飞演练、两次滑行预试验、低速滑行试验、中速滑行试验和高速滑行试验等任务。

观察员｜钱进
出生年月：1960 年 8 月
开始飞行年份：1979 年
总飞行时间：22 000 小时
主飞机型：B777

在 ARJ21飞机型号研制过程中，参与了105、106 架机第一次飞行、生产交付试飞、RVSM 试飞等任务。在 C919 大型客机型号研制过程中，参与了工模和铁鸟控制律评估、首飞构型偏离评估、飞行手册评估、驾驶舱评估等任务，完成两次首飞演练、两次滑行预试验、低速滑行试验、中速滑行试验和高速滑行试验等任务。

试飞工程师｜马菲
出生年月：1985 年 1 月
总飞行时间：292 小时

在 ARJ21飞机型号研制过程中，参与了北美自然结冰试飞、银川航电专项试飞、长沙高温高湿试飞、海拉尔高寒试飞等任务。在 C919 大型客机型号研制过程中，参与了控制律评估、飞行手册评估、驾驶舱评估、首飞任务编排、伴飞飞行方案编制、首飞专项培训等任务，完成两次首飞演练、两次滑行预试验、低速滑行试验、中速滑行试验和高速滑行试验等任务。

试飞工程师｜张大伟
出生年月：1984 年 3 月
总飞行时间：472 小时

在 ARJ21飞机型号研制过程中，参与了北美自然结冰试飞、高原试飞、失速试飞、功能和可靠性试飞以及设计优化试飞等试飞任务。在 C919 大型客机型号研制过程中，参与了首飞大纲编制、首飞风险评估单以及试飞任务总体规划等任务，完成两次首飞演练、两次滑行预试验、低速滑行试验、中速滑行试验和高速滑行试验等任务。

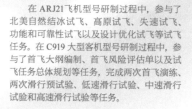

"同志们辛苦了，我现在正在指挥大厅和你们通话，代表党中央、国务院向你们致以崇高敬意和亲切慰问。"

"谢谢首长，感谢党中央、国务院对机组的问候。"

"当前飞行状态怎么样？"

"目前机组正按计划进行飞行试验，飞机各系统工作正常，请首长放心。"

"你们肩负着重要使命，希望继续精心操作，确保首飞成功，我们在现场等待你们凯旋。"

红色电话机，连接空地两头的电波，一头是中共中央政治局委员、国务院副总理马凯，另一头是 C919 首飞机组观察员钱进。

十几分钟前，2017 年 5 月 5 日 14 时，万众瞩目中，中国自主研制的 C919 大型客机在上海浦东机场第四跑道上轻盈一跃，第一次飞上了祖国的蓝天。

这个"五人组"不寻常

自 C919 大型客机立项以来，研制工作的每一步进展都牵动着国人的心。2015 年 11 月 2 日，C919 首架机在位于上海祝桥的中国商飞总装制造中心正式下线，更是引起国内外媒体的高度关注，不时有相关消息传出。然而，对于首飞机组，此前却很少见诸媒体。这不由得令人感到有些神秘和好奇——首飞的时候，飞机上有几个人？他们都在忙些什么？这些人是如何幸运地成为首飞机组成员的……

C919 大型客机首飞机组

C919 首飞机组由 5 名成员构成,他们分别是机长蔡俊、副驾驶吴鑫、观察员钱进以及试飞工程师马菲和张大伟。别看名字都挺平常,但他们各个身怀绝技。要知道,他们操控的可是一架大型客机,抛开科技含量高、价格昂贵不说,关键是这是一架尚未定型的飞机,操控起来不仅有相当的难度,还有一定的风险。要是没有"金刚钻",是不敢去揽这"瓷器活"的。

（一）飞行机组：机长蔡俊、副驾驶吴鑫

众所周知,在航线上飞行的大型客机,为了确保安全,飞行机组至少由两名飞行员构成,其中一人为机长,另一人为副驾驶。在 C919 首飞过程中,蔡俊和吴鑫就分别担任机长和副驾驶这两个职务。

套用《沙家浜》选段中那句著名的台词——这两个飞行员不寻常! 准确来

说，蔡俊和吴鑫并不是普通飞行员，他们是民机试飞员。在成为试飞员之前，他们在航线上飞行的时间都超过 10 000 小时，都担任过民航班机的机长。在此基础上，经过近一年的特殊培训，方才进阶为专业民机试飞员。目前，中国的民航飞行员数以千计，但专业民机试飞员可能你扳手指头就能数过来，这两人的"不寻常"由此可见一斑。

蔡俊是土生土长的上海人，中等个头，给人的第一印象是那一头灰白的头发，看上去有些酷酷的，很有点明星范儿。在一些人的印象中，上海人很精明，讲规矩，大都比较本分，骨子里似乎少了一些冒险的激情，所以上海多出白领、少出老板。且不论这种观点是否切合实际，至少在蔡俊的身上看不出这一点。从他的职业经历来看，蔡俊并不是一个"安分"的人。

蔡俊出生于 1976 年，自小就喜欢飞机，尽管有些轻微的恐高症，但执拗地想成为一名飞行员。高三那年，有航空公司来学校里招空乘，他觉得不够酷，没去。1995 年，蔡俊考入上海工程技术大学，在航空运输学院学习航空经管专业。长期以来，上海工程技术大学与东方航空公司（简称东航）、上海航空公司（简称上航）等保持着密切的合作关系，每年这些航空公司都来学校招收飞行员。能进入这所学校，意味着将来成为飞行员的可能性比较大。

通常来说，我国民航飞行员主要来源有三种：一是养成生，就是航空公司直接招收高中毕业生，送到航校培养成飞行员；二是大改驾，就是从大学生中招收学员，然后送到航校培训；三是军转民，就是军机飞行员经过培训后，转行成民航飞行员。

机遇总是垂青有准备的人。大一的时候，上航来学校招飞行员，但只招大二的学生，这让蔡俊遗憾了很久。大二时，东航来招人，蔡俊抢先报了名。"当时体检很严，光是查视力就刷掉一大批，身高也有要求，矮了不行，太高也不行。当时大家排队，刚好以我为界限，比我高的全不要。"事隔多年，回忆起当时的情形，蔡俊觉得自己很幸运。

被东航选中后，1997 年蔡俊来到位于四川广汉的中国民航飞行学院学习。对于这段学习经历，他最大的感受是一个"严"字。"和一般的大学不一样，民航飞行学院培养的是飞行员，这是一个特殊的职业，关乎人们的生命安全，所以学校各方面的要求都比较严。一开始，我们还有些不适应，现在反过来想，那一段时间的生活对我们影响非常大。飞行本身就很注重纪律性，必须严格按照规章制度办事，严格的管理对我们后来的飞行工作其实是打下了很好的基础。"

在民航飞行学院完成基本理论学习之后，1998 年 8 月蔡俊被选送到美国进行飞行训练，一年后学成归来，随即到东航工作。其间，由于表现优异，蔡俊成为公司最年轻的机长之一。

2010 年，已经干了一段时间机长的蔡俊开始寻找新的职业方向。"一开始，只是简单地想找一个更能磨炼自己的新岗位，后来听说中国商飞正在组建中国第一支民机试飞队伍，没有多想就来了。"蔡俊觉得，"做试飞员，更有成就感，除了性格上喜欢挑战外，使命感其实更重要。"2011 年，"不安分"的蔡俊放弃了东航机长这样的"铁饭碗"，从稳定职业走向风险挑战——加入中国商飞试飞员团队。

试飞员和飞行员，可不只是字面上的差别。民航飞行员驾驶的是成熟的飞机，而试飞员驾驶的是尚未定型、需要对各种极限条件下的飞行数据进行全面验证的飞机，其危险性不言而喻。"尽管都是在驾驶飞机，但两者的区别是很大的。如同打靶，对飞行员来说，飞得越接近靶心，说明飞行技术越好。而对试飞员来说，有时任务就是往圈外飞，飞出飞机的极限性能。"钱进这样比喻，"圈外"其实就是危险地带。

从飞行员转行成试飞员，不仅需要勇气和技术，更需要努力和坚持。为了从航线飞行员进阶成专业民机试飞员，在试飞中心安排下，蔡俊等人到美国国家试飞员学校进行了为期一年的培训。"培训学校的老师都是来自世界各地具备丰富试飞经验的教员，口音多种多样，因此语言首先是一个考验。一开始，一大堆英文专业词汇弄得我晕头转向。此外，还要把物理、数学都'捡'起来。上完 8 小时课，回来先睡上 2 小时，然后窝在宿舍上网查资料，'啃'书本，经常复习到凌晨一两点。"回忆起那一年的学习，蔡俊至今仍觉得受益匪浅。"帮助我重新养成了学习习惯，直到现在我每天都会看看书，有时间就回母校学习英语。试飞员不是这么好当的，除了具备相当的飞行技巧、心理素质外，还要一直保持学习状态。"

和蔡俊相比，吴鑫走上飞行之路要更早一些。他是典型的"养成生"，1993 年高中毕业时，东航青岛分公司来学校招人，吴鑫很幸运地被选中。于是，吴鑫也到了广汉的民航飞行学院学习。从入学时间来说，吴鑫比蔡俊还早了几年，算是蔡俊的大师兄。

从民航飞行学院毕业后，吴鑫执飞过 A320、A330、A340、BE90、PA28、PA34 等 20 多种机型，飞行经验极为丰富。在航空公司飞了 10 多年后，吴鑫感觉自己还年轻，很想能学一些新东西。"当时，刚好听说中国商飞在招试飞员，我觉得有点兴趣。一是试飞这一行，虽然有一定的风险，但肯定能学很多新东西。另外，我当时还到上海飞机制造厂看了看，现在商飞公司董事长贺东风，当时是该厂总经理，他和我们几个有意向的飞行员谈了谈，给我们留下了很好的印象。考虑之后，我就到试飞中心了。"

吴鑫为人比较低调，一般场合话语不多，但一涉及飞机，马上就有些不一样了。

在 C919 进行滑行试验过程中，笔者曾经多次参加技术交底会、航前准备会和航后讲评会。在这些场合，说起问题，吴鑫常常是直言不讳，而且有时言语还比较犀利。

"上一次滑行中发现的问题，目前还没有解决，希望设计和工程方面能尽快给出准确的解释和解决方案……你对这个问题的解释，我觉得有点问题，不够准确，希望再研究一下……对你提出的这个解决方案，我不认可。"

谈工作的时候,吴鑫很直接,有时甚至让人觉得有些"较劲"。对此,他有自己的看法——"飞行员这个职业确实有它自己的特点,有时一个小小的疏忽就会造成很严重的后果,所以在长期的培训和工作中,我们养成了比较严谨的习惯,或者说是职业素养。比如说在试验的时候,我感觉到了什么问题,那一定要及时准确地向设计、制造方面反映,让问题尽早得到解决。商飞的年轻人很多,在讨论的时候,我们都是就事论事,尽管有的时候由于大家看问题的角度不一样,可能在具体问题上会有分歧,但我们总的目标是一致的,那就让 C919 尽快成熟,早日飞上蓝天。"

实际上,我们的 C919 飞机也正是在这样的一次次"较劲"中变得越来越好。

(二)观察员:钱进

与蔡俊和吴鑫相比,观察员钱进更了不得。作为民航战线的一名功勋飞行员,钱进的飞行时间超过 22 000 小时。在加入中国商飞之前,他曾担任中国国际航空公司培训部总经理,负责整个国航的飞行员训练工作,是一位名副其实的"老法师"。

2013 年,钱进离开国航到上海搞试飞的时候,很多人并不理解他的这一抉择。这一年,他已经 53 岁了。

钱进的经历很有一些传奇色彩。他出生于中医世家,但对机械的着迷,使他没有沿着祖辈的足迹成为一名悬壶济世的医生。15 岁,他就进了安徽省摩托车表演队。"那时小嘛,对速度、危险毫不在乎,反而特别享受那种挑战成功后的成就感。比如,骑着摩托车钻火圈等惊险动作,我完全不害怕。"

在摩托车表演队干了两年之后,喜欢挑战的钱进到安徽航空运动学校学习滑翔机驾驶。滑翔机不仅给钱进带来了更快的速度、更高的高度,也带来了更

钱进（左）与吴光辉一起分析试验情况

宽的视野。一年后，中国人民解放军第 14 航空学校（中国民航飞行学院前身）前来招生，钱进成为极少数的合格者之一，幸运地来到广汉，正式开始了他的飞行员生涯。

1980 年，从民航飞行学院毕业以后，钱进直接留校当了教员。经过在新津短暂的教员飞行训练，1981 年钱进开始带学员，在 5 年的时间里先后带了 3 期学员。这些学员现在大多数在民航系统工作，不少人还在一些重要的领导岗位上。

1985 年，钱进来到国航，一待就是 28 年。在此期间，他飞过波音 747、777 等多种机型，安全飞行时间超过 22 000 小时，获得中国民航安全飞行金质奖章和民航功勋飞行员等荣誉称号。在国航，钱进历任第五飞行大队副队长、科教训练处副处长、安全技术管理部副总经理等职务。离开国航前，钱进担任培训部总经理,负责整个国航飞行员的训练工作。

这个时候,钱进的人生慢慢进入了"舒适区":生活越来越平稳,工作越来越熟练,职务越来越高,收入越来越多。当然,年龄也越来越大。在很多人看来,这样的人生是最值得羡慕的,只需要再干上几年,就能光荣退休,然后潇洒地享受人生。

但钱进却听到了内心另一个声音:"作为一名飞行员,飞了十几种机型,却没有一种是中国人自己制造的,这无疑是一大遗憾。"

"实际上,2013年的时候,有关领导就找到了我,让我考虑去中国商飞,他们给我讲中国的大飞机事业刚刚起步,想找一个飞过包括波音、空客等系列机型并且有管理能力的干部。"

"一开始,我有点儿犹豫,因为我也不是很年轻了,要去做一项全新的、充满挑战和风险的工作,同时还要离开家、离开熟悉的生活和工作环境,比较难接受。"钱进说,"但后来经过深思熟虑,我感到这毕竟是国家的事,是所有中国民航人的骄傲,所以在53岁的时候,自己选择接受了这个人生挑战。"

2013年,钱进来到上海,来到中国商飞,担任试飞中心主任一职,开始迎接人生中的又一次重大挑战。

看到这里,有些人可能会有些疑惑:与蔡俊、吴鑫等人相比,钱进有着近40年飞行经验,各方面经验要更加丰富,他为什么不争取当机长或者副驾驶?

对此,钱进解释说:"我从事管理工作已经很多年了,近些年真正飞的时间还是少了一些,虽然每年也参加相应的培训,但反应和技术操纵能力方面相对在退化。我们年轻的机长不一样,他们一直在不间断地训练,比我更优秀,所以这时候我应该当配角,配合年轻人把这项任务完成好。"

实际上,观察员的作用同样十分重要。观察员好比是飞行员的"第三只眼睛",是保证飞行安全的又一道防火墙。在整个飞行过程中,观察员要时刻监视飞机主要系统的工作情况,观察飞行机组的每一个动作。一旦发生意外,观察员要凭借自己丰富的经验,协助机组及时做出正确判断,并采取相应的对策。

对于钱进这位观察员的作用,吴鑫举了一个例子。"钱总经验很丰富,不管在滑行试验还是在首飞过程中,当我们遇到一些意外情况时,有他在边上帮我们作判断,我们心里定了很多。实际上,首飞那天,天气情况不是很理想,尤其是在飞机返场的时候,由于云层太低,飞机飞到滴水湖上空的时候,我们看不见地面的情况。当时,由于飞机的导航系统还不成熟,我们还要借助手持 GPS 和目视观察航路。按照事先预想的情况,飞机飞到滴水湖上空,应该可以看见地面的标志性建筑了。但由于云层太低,我们一时看不清。这个时候,钱总就不断鼓励我们说:'不要慌,目前方向正确,你们操作得很好。控制好,慢慢降低高度,再仔细观察一下。'果然,不久之后,我们就看见地面上的建筑了……"

（三）试飞工程师:马菲和张大伟

在首飞机组中,马菲和张大伟的职业比较特殊——试飞工程师。

试飞工程师究竟是干什么的?一般人对此并不了解。按照钱进的说法,"民机试飞是一个复杂的系统工程,其中既有试飞员,又有试飞工程师。工程师在试飞中扮演着导演的角色,他要把'剧本'编好,今天飞什么科目,怎么飞,每个点、每一个高度的飞行都要编排好,试飞员要按照这个'剧本'完成飞行动作。"

打个不恰当的比方,试飞工程师就是和飞机"对话"的人。怎么听懂飞机的话?除了经验之外,更重要的是借助各种精密的仪器。具体来说,试飞工程师的主要职责包括制订试飞计划、跟飞测试、改装加装、分析数据、撰写试验报告等,与试飞员相比,他们虽然没有那么引人注目,却实实在在担负着飞行的策划和组织之责,是名副其实的"云端策划师"。

这样一说,试飞工程师的形象立刻高大上起来。实际上也是如此,马菲和张大伟不仅是航空专业科班出身,而且还经历过极为严苛的试飞测试专业训

中国商飞试飞中心试飞员和试飞工程师在南非培训期间

练，他们是中国第一批专业民机试飞工程师中的佼佼者。C919 首飞可不仅仅是在空中秀一把那么简单，而是带着试验任务的。在 79 分钟飞行时间里，C919完成了十六七项测试科目，这些就是试飞工程师的工作重点了。

虽然是一名"85 后"，马菲在行业内已经有了一定的知名度。

马菲是中国商飞民机试飞中心一手培养起来的第一代具备美国联邦航空局（FAA）适航取证资质的民机试飞工程师，如今担任中国商飞民机试飞中心试飞运行部副部长，已经成为这支队伍的带头人。

和一般人不同，马菲的航空梦有点特别。"我小的时候，特别喜欢看科幻小说，对宇宙充满了好奇。上高中那会儿，中国最火的就是载人航天，因此当时最大的梦想就是成为一名航天员。"

"记得上中学的时候，我和小伙伴们曾经利用烟花里的火药，自制了一个小火箭。没曾想到，火箭飞到三层楼高的时候突然转向，直接朝着邻居家的阳台飞去，轰的一声，阳台上的玻璃碎了……虽然这个有些疯狂的尝试为马菲招来了一阵严厉的批评，但邻居家的叔叔阿姨们都知道'自家院里有一个胸怀宇宙梦想的小伙子'。"

后来，马菲如愿考入西北工业大学，继续他的追梦之路。让人有些意想不到的是，2007 年马菲大学毕业，加入原上海飞机设计研究所航电室。最终，他干上了航空。

2008 年，中国商飞公司在上海挂牌成立，大飞机事业开启了新篇章，马菲可谓是赶上了一个好时代。

没过两年，中国商飞公司开始着手培养中国第一支民机试飞工程师队伍，马菲又迎来了一个新的机会。为什么要报考试飞工程师？马菲笑着回答："坐办公室离飞机太远，还是搞试飞离飞机近，这样比较酷。"

选拔试飞工程师的过程堪比考公务员。300 多名候选者，经过数轮淘汰，最后只选了 10 个人，马菲正是其中之一。

2010 年 4 月，马菲来到南非试飞员学院，开始了为期一年的试飞工程师课程学习。物理、数学、英语、驾驶课程、流体力学、空气动力学，阶段考、综合考、毕业设计……看到排得满满当当的课程表，马菲笑言："又找到了大学读书的感觉。"

不过，这一次留学，给马菲带来的绝不只是知识。

试飞是为了验证飞机在各种极端条件下的安全性。常人坐飞机坐上几千几万次都很难遇上的危险情况，试飞工程师和试飞员却要在试飞时尽可能地寻找甚至制造这样的险情，比如飞机失速、尾旋、颤振、结冰等。战胜这种险情，获取有价值的试飞数据，不止是靠高超的技巧，更要靠过人的胆识和钢铁般的意志。

"刚到学院，别说技巧、胆识了，就是上课坐小飞机，都让人大呼吃不消。上训练课时，为了培养学员的适应性，飞行员有时会反复拉操纵杆，把飞机变成了过山车。许多学员又是害怕又是犯恶心，吐了一地，我也是熬得脸色发青。这状态能当试飞工程师吗,肯定不行啊,我得想办法。"

在学校宿舍的旁边,有一个5米长、3米宽的小游泳池。6月的南非已经入冬,气温降到零下,泳池结起薄冰。马菲就拿这个泳池训练身体的应激能力。

"游泳池很浅,不到2米。冬天很冷,羽绒服都扛不住寒风。一开始,我还真不敢往下跳。"马菲说。在数"六"寒冬里,马菲用标准的跳水动作,一次又一次地一头扎进这个冰冷刺骨的小游泳池,每次都冻得嘴唇发紫、浑身发抖地爬上岸。

"这是我向飞行员'偷师'学的方法,训练身体的应激能力,效果不错。"凭借过人的意志力,很快,马菲就在高难度的飞行科目中游刃有余了,"后来飞尾旋,我已经能做到一边操纵飞机,一边和带教老师侃大山了。"

学成归来,马菲与团队其他成员一头扎进ARJ21飞机的试飞取证工作中。以后几年中,他跟着飞机走南闯北,体验了各种极端天气和环境,试遍了各种高风险试飞科目,最终确保ARJ21飞机顺利取得型号合格证。

和马菲一样,张大伟也是中国商飞公司培养的第一批专业民机试飞工程师。在一些同事眼中,张大伟平时有些内向,甚至有些腼腆,但在工作中,他喜欢琢磨,是一个不折不扣的行动派,很有理工男的特质。

谈到自己在南非培训时第一次开飞机,张大伟最大的感受是两个字:紧张。

"当我第一眼看到飞机的时候,突然感到有点紧张,因为这架飞机实在太小了,比我们看到的小汽车要小得多,驾驶舱里只能勉强容下两个人。飞机我一个人就可以推着走,非常轻。就这么小的一个东西,我要坐着它飞到天上去?"

"飞机起飞后,我再一次感到紧张。因为飞机非常小,气流稍微有点扰动,它就上下起伏得非常厉害。所以,起飞以后飞机基本上就一直颠着,左晃右晃,让我感觉很紧张。"

在培训中,张大伟经历了各种各样"奇葩"的飞行。"比如说,我们有时候要刻意做一些大机动动作,这个感觉就像坐过山车一样,只不过平时我们坐的过山车只有 50 米或者 100 米高，而我们要坐的是一个 1 000 米高的'过山车'，而且有时候一天要坐几十次甚至上百，要是没有经历过特殊的训练，还真受不了。"

最初，他还不是很理解学校为什么要进行这样的训练。到后来，尤其是通过亲身参与 ARJ21 的试验试飞，他才真正地领会：这种颠簸，真是小菜一碟。

从南非学成归国后，张大伟参与了 ARJ21 飞机的很多试飞科目。"ARJ21 飞机的一些重点、难点科目，我都非常有幸地参与了，像失速试飞、高原试飞、自然结冰试飞等。ARJ21 总共飞了四五千个小时，我在飞机上的试验时间有将近 500 个小时。"

"试飞工程师就是要把危险试个遍。"这是张大伟关于职业的信仰。作为一名试飞工程师，无论是多难、风险多高的试飞科目，他都义无反顾地冲在第一线。

"在 ARJ21 飞机的试飞中，有一个跟失速试飞非常类似的科目叫负加速度试飞。这个试验要求飞机至少在 7 秒钟内完全处于负加速状态，也就是飞机要一直往下掉。做这个科目之前，我们必须把安全带系得非常紧。为什么？因为人会'飞'起来，撞到天花板上。试验之前，工程师非常有经验，对飞机进行了洗尘。因为做这个科目的时候，一些原来隐藏在机舱地板缝隙中的尘土，还有一些你意想不到的小东西都会'漂浮'在空中。"

"我记得非常清楚，做试验的时候，机舱里有一根非常粗的线缆。试验之前，我们已经将它固定了，但是因为线缆实在太沉了，最终还是'飘'了起来。当时，我戴了一个耳机，耳机上有一个通话装置。这个东西平时基本上是垂在下方，把耳机往下拽。试验过程中，它也'飞'起来了。整个试验过程中，我的身体被牢牢绑住了，但是脚没绑住，所以脚也直指天空。实际上，也就是完全处于一种失重状态。"

"试验的时候，我们工程师也顾不上难受，要集中注意力时时监控飞机的发动机、燃油系统、APU 系统、电源系统以及液压系统的工作情况,所以这时候工作是非常繁忙的,根本顾不上自己的脚了。"

由于试飞具有一定的风险性,张大伟平时在家很少谈工作。时间长了,这也就成了一种习惯。C919 首飞前,他曾开玩笑地问妻子,为什么大家都在微信朋友圈分享 C919 即将首飞的消息,她却从不发类似的信息。对于这个问题,妻子当时没有说啥。但是,当他完成首飞任务,下飞机打开手机看到妻子在朋友圈发的一则信息时,他有些泪眼婆娑了——"当别人在看你飞得高不高、快不快的时候,只有我在乎你飞得累不累、安不安全……"

史上最严的选拔

能成为首飞机组的一员,与中国人自己的大飞机一起翱翔蓝天,这无疑是很多人的梦想。对于这样一个千载难逢的历史机遇,谁不渴望抓住呢? 然而,由于新机型首飞具有一定的风险,为了确保首飞成功,一定要选出最优秀的机组。因此,中国商飞在机组的选拔上是非常慎重的。

"实际上,我们早在首飞两年前就开始进行选拔准备工作。"C919 大型客机副总设计师、中国商飞试飞中心总工程师王伟介绍说,"为了确保选拔过程公正、透明,真正选拔出最优秀的机组,我们在多次征求各方面意见的基础上,几易其稿,制定了完备的选拔方案,详细规定了选拔的程序和环节。举一个例子,为了确保打分公平,我们还专门成立了一个专家评审组,其中不仅有国内的专家,也有来自美国和加拿大的国外专家。所以,首飞机组的选拔,不是某个人说了算,也不是我们试飞中心一家说了算,而是要看各种测试和考察的综合结果。"

为了扩大选择面,首飞机组的选拔在全国范围内进行,只要符合条件的人都可以报名参加。经过前期考察和测试,进入最终选拔环节的人员主要来自两

试飞员被称为"刀尖上的舞者"

个单位，一个是中国商飞试飞中心，另一个则是中航工业试飞院。

最终的选拔按照业内最严格的标准进行。吴鑫回忆说："在选拔过程中，我们经历了很多测试，涉及理论、实操各个层面，甚至还专门到广汉的民航飞行学院进行了专门的心理测试。我记得自己当年招飞的时候，好像也做过类似的测试，但记忆中好像没这么复杂。后来了解下来，可能是民航飞行学院从德国引进的测试题。'德国之翼'航空公司的一位飞行员驾驶飞机撞山自杀以后，世界各国航空公司对飞行员心理健康的关注程度明显提高。对于我们来说，我想心理测试主要是看看我们对一些风险或者极端压力下的承受能力，这方面的能力对于试飞员来说，还是有比较高的要求。"

根据测试结果，2016年11月26日，首飞机组正式确定。对于这个结果，蔡俊并没有感到十分意外。"当时反正也没想这么多，只是尽自己最大的努力去争取。在参加选拔之前，我就做了许多准备工作，如进行C919飞机相关系统的培训、工程模拟机测试等。这些培训和测试持续了很长一段时间。在此期间，只要有时间，我就琢磨手册，了解飞机的各个系统。我当时就想，即使选不上，也是在为未来的试飞工作做准备。"

攻克最后的一关

首飞机组确定后，新一轮艰苦的训练和试验随即展开。

"那段时间，几乎每天的工作都安排得满满的，一开始还真有点不适应。有的时候，因为试验任务多，时间紧，我们几个就住在基地附近。机务和场务的兄弟就更辛苦了，任务紧的时候，一周不回家也不是什么稀奇事！尽管有时也感到很累，但大家都憋着一股劲，很想早一点把飞机飞起来。"紧张的训练和试验，让蔡俊感觉像经历了一次"强行军"。

首先，机组成员的任务是与中国商飞的设计和制造团队进行面对面的交流,接受首飞构型理论专门培训,在工程模拟器上反复训练。"由于 C919 是一款全新的飞机,和我们以前驾驶过的飞机有点不同,因此我们不仅要十分熟悉飞机,做到驾驶舱里的每一个按钮闭着眼睛就能摸到,还要熟悉正常飞行程序,将试飞大纲熟记于胸。此外,还要学习如何应对各种意外情况,比如说出现单发失效、双发失效、一发停车、活动面卡阻等意外情况,怎么把飞机驾驶回来。或者退一步说,怎么将不良影响降到最低……"吴鑫介绍说。

经过一段时间强化训练,首飞机组对飞机的状况心里有底了。下一步,就是要让飞机动起来!

"纸上得来终觉浅,绝知此事要躬行。"虽然在设计和制造过程中,工程师们在各种各样的仪器上进行过无数次计算和模拟,但一架飞机到底怎么样,归根结底还是要动起来考察。

这里的动起来,分为两步:第一步是滑行,也就是让飞机在跑道上跑起来,第二步才是飞行,也就是首飞。

滑行,是飞机首飞之前各项准备工作中的重头戏,也是大量问题暴露和解决的关键节点。新飞机要通过地面滑行,验证机体结构是否牢固,各系统工作是否正常,飞机的刹车效率(包括飞机的停机刹车功能、防滑功能以及应急刹车功能)是否满足要求,以及飞机的滑行运动特性,比如转弯能力、精确保持直线滑行能力和曲线滑行修正能力等。在高速滑行时,还要检查飞机的抬前轮操纵能力,包括在这种情况下飞机保持平衡的能力。

根据滑行速度的不同,地面滑行分为低速滑行、中速滑行和高速滑行三个阶段。对于民用飞机而言,低速滑行是将飞机的速度控制在 55 千米 / 时以内,中速滑行的速度为 55 千米 / 时 ~170 千米 / 时,超过 170 千米 / 时,则为高速滑行。

一般情况下,地面滑行试验是一个循序渐进的过程,只有在低速滑行状态下验证的各项功能符合要求后,才能进行中速滑行;也只有在中速滑行状态下符合要求后,才能进行高速滑行。

2016 年 12 月 28 日,是 C919 首次预滑行的日子。当时正值隆冬,北风呼啸,天寒地冻。凌晨 4 点多,天还没亮,机组就和机务一样早早地进场准备,大家都十分期待这次滑行,因为这是飞机第一次真正动起来。

然而,刚滑了几秒钟,蔡俊就感觉有些不对劲,赶紧将飞机停下来。机组成员经过讨论,判断是飞机的应急刹车系统出了问题,大家决定终止试验。

"一开始,速度在两三节(1 节相当于 1.852 千米 / 时)的时候,刹车的感觉就不太对,一个是抖,再一个是效应感觉不太好。刹停以后,我们又试了一次,还是不太对劲。而且我们第一次预滑行的时候,停留刹车也有点问题,启动发动机的时候,我们都是脚踩在刹车上,时间很长,都是人工踩刹车,这本身也带来一些操作上的困难。这个结果大家事先都没想到,都觉得出乎意料。当时,大家都认为飞机的液压系统是比较成熟的,出问题的可能性不大,我们也觉得意外。后来,我们在五节的时候又试了一下,还是感觉不对劲。看到这种情况,我们商量了一下,就决定停下来。如果飞机的状态存在异常,就应该停下来,不能拿飞机去冒险。此外,发现问题不及时解决,会给未来的工作带来更大的困扰。"在蔡俊眼中,C919 就好像是自己的孩子。他爱孩子,但孩子也会有缺点,有弱点,而让这个孩子健康成长就是自己的责任。

大家有些郁闷地结束试验,返回,召开分析会议,向研制团队描述问题,一起分析问题出现的原因,共同探讨可能的解决方案……这天晚上,试飞中心综合楼会议室的灯光一直亮到晚上 10 点多。这样的场景,在以后的日子里不断重现。

后来,在设计、制造方及刹车系统供应商的共同努力下,发现是刹车系统的参数设计存在瑕疵。在更改完善相关设计后,低速滑行试验获得成功,然后是中速滑行、高速滑行……

"在滑行试验的那段日子里,我们一般是头一天下午召开技术交底会,了解飞机技术状态,然后召开航前准备会,明确第二天试验的具体时间、主要试验科目等内容。由于滑行试验是在浦东机场进行,为了不影响航班起降,试验一般要在 7 点 30 分之前结束。因此,只要有任务,我们就住在单位附近,早上 3 点起床,然后直奔单位,4 点左右再开一个直接准备会,通报一下气象条件,再次确定飞机状态和试验内容。完成准备后,等到太阳一露头,我们就可以开始试验了。为什么要等到太阳出来呢?因为我们的飞机暂时还不具备夜航条件,必须遵守相关规定。"这样的日子持续了小半年,对吴鑫来说,好像也没觉得有什么特别苦的地方。"因为机务和场务的兄弟更辛苦,他们往往要凌晨两三点就起床,而且要长时间在室外工作。"

齐心协力,确保 C919 大型客机成功首飞

随着滑行的速度越来越快，试验的难度也越来越大，但由于在前期试验中尽力不放过任何一个影响首飞的问题，后期的试验进行得越来越顺利。

2017 年 4 月 18 日，C919 通过首飞放飞评审。那个激动人心的时刻就要到来了！

起飞，C919；起飞，中国

机组到位，飞机状态成熟，相关单位和部门准备完毕……C919 首飞万事俱备，只欠东风。

根据国际惯例，新飞机首飞一般要在良好的天气条件下进行，这主要是由于飞机的大多数系统还不成熟，气象条件良好，可以在一定程度上降低风险。即便是经验丰富的飞机制造商，在首次试飞新机型的时候，也得看看老天爷的脸色。

"4 月底的时候，基本上就具备首飞条件了。那时，我们已经做好了随时飞的准备，关键就是看天气了。'五一'节期间，为了保持状态，蔡俊和我基本上没有休息，都在模拟机上进行训练。可能是节后的第一天，我们接到通知，说是准备在 5 月 6 日飞。后来不久，因为天气原因，气象专家建议提前一天，最后就定在 5 月 5 日。"吴鑫回忆说，"5 月 4 日那天晚上，我们都没有回家，就住在机场附近。第二天，我 6 点多就起床了，看看窗外云有点多，有一点担心。后来传来消息，说是天气会变好，10 点左右，我们乘车进场，开始准备。当时，大家最担心的就是天气，钱总和一些领导、专家在气象室里讨论了很长时间。后来，他还单独过来征求了蔡俊和我的意见。我们讨论了一下，觉得虽然和预想的有点差距，但是有把握。最终，起飞时间定在下午两点。大概 12 点 40 分左右，我们就进入机场，开始进行飞行前的准备了。"

2017 年 5 月 5 日 14 时，C919 在浦东机场准时起飞。

2017 年 5 月 5 日，历史将记下这一刻

对于飞行过程中的感受,机长蔡俊后来在接受采访时说:"C919 首飞最大的意外是没有意外! 起飞后,我们首先爬升到 3 000 米高度,对系统进行功能性检查,接着我们将速度降低到每小时 120 海里,开始进行不同襟翼卡位构型状态下的飞行试验,然后是感受性飞行,体验飞机俯仰、低头等姿态的操控感受。然后,我们在高空模拟假想跑道,模拟进近、着陆和复飞过程,三个动作要一气呵成……"

"最后我们总结了一下,完成的测试项目一共有十六七个,每个都很顺利。"蔡俊说,"一直到回到浦东机场下降、飞机平稳着地,我飞过的飞机也不少了,C919 的表现真是不错,飞机稳定性非常好,而且比较容易操作,虽然是第一次驾驶飞上天空,没有经验,但也没遇到任何问题。"

对此,吴鑫的感受也差不多。"总的来说,整个飞行过程就像在工程模拟器和铁鸟等模拟设备上进行训练,没有出现什么意外情况。C919 在首飞的剖面里稳定性很好,飞机的操控响应与设计匹配度很高。在飞行过程中,我们按计划一个试验点接一个试验点地进行,很紧凑,大家的注意力都集中在这上面了。"

有观众和网友在看直播的时候注意到,在 C919 首飞过程中,驾驶舱内的蔡俊、吴鑫和钱进都穿着救生衣。对此,蔡俊在接受采访时说:"虽然我们对首飞成功有充分的信心,但毕竟是新飞机的第一次飞行,发生各种意外的可能性很大,在整个飞行过程中,机组成员是背着救生衣的。此外,为了在意外发生后将损失降至最小,中国商飞公司还制订了非常周密的应急预案。"

"就拿我们机组来说,根据应急预案,如果发生紧急状况,我们要采取以下措施:首先,从飞机上 5 个人的职责和位置来看,试飞工程师在客舱里操作测试设备,他们离应急出口最近。应急出口上面有一块盖板,有两个插销需要拔掉,然后人工开启机门,驾驶舱里有两个电子开启,要我和吴鑫同时操作。所以,意外发生时,试飞工程师将插销拔掉,等应急门开启后先行撤离。观察员的位置在我们后方,如果他不撤离,通道就被堵死了,所以试飞工程师撤离后就是

C919 大型客机首飞五人组着飞行员制服棚拍

观察员撤离,然后是吴鑫,最后是我。作为机长,我的主要职责就是保证飞机的状态尽量可控,努力让更多的人能够撤离。"

而谈起首飞的感受,张大伟的话则让人分外感慨——"当时,我们首飞机组是有一点小小的'特权'的,我们每个人有几个名额,可以邀请自己的亲人或者朋友到现场。我们五个人商量了一下,决定都不请家人过来。这有几方面的原因,很重要的一点就是实际上我们心里清楚,这件事还是有风险的。我们自己可能还好一点,但不想让家人在现场承担这么大的压力。另外,要是他们在现场,我们自己肯定也会有压力,所以大家都不大愿意在家里说这件事。我们其实不想告诉他们自己去首飞了,当然他们实际上也知道的。当时,他们都在家里面看电视直播。"

"实际上,除了救生衣,我们每个人还有一套降落伞。首飞的时候,降落伞我们都没有背,因为降落伞很大很沉。对于这件事,我们也经过了讨论,我们都觉得宁愿不背降落伞,更好地去操控飞机。降落伞这个东西我们从来就没打算真正用,因为我们想的是尽一切可能让飞机安全回到地面上。我记不清是机组哪一位成员说的——要是飞机回不来了,我们回去也没有什么意思……"虽然应急预案详细周到,虽然设想中可能发生的意外都没有发生,但蔡俊和张大伟几句简单的话,却让人肃然起敬。

时间一分一秒地过去,15 时 19 分,当浦东机场第四跑道旁再次响起欢呼与掌声时,C919 稳稳地降落在众人眼前。在全球亿万双眼睛的注视下,C919 的舱门打开了……

从 20 世纪 70 年代"运 10"的研制开始,中华民族研制大型客机的努力持续了近半个世纪。然而,由于种种原因,我们始终在门外徘徊。2017 年 5 月 5 日,这扇沉重的大门终于被中国人打开了。前行路上,固然还会有重重荆棘,固然还会有关隘险阻,但有什么能阻挡一个伟大的民族追逐梦想的脚步呢!

文 / 陈伟宁

C919 大事记

2006 年

2月9日 国务院发布《国家中长期科学和技术发展规划纲要（2006—2020 年）》。大型飞机重大专项被确定为 16 个重大科技专项之一。

7月17日 国务院成立了大型飞机方案论证委员会,由李末、顾诵芬、张彦仲三位院士共同担任主任委员。

8月17日 国务院成立大型飞机重大专项领导小组。

2007 年

2月26日 国务院召开第 170 次常务会议,原则通过《大型飞机方案论证报告》,原则批准大型飞机研制重大科技专项正式立项。

8月30日 中央政治局召开第 192 次常委会,听取并同意国务院大型飞机重大专项领导小组《关于大型飞机重大专项有关情况的汇报》,决定成立大型客机项目筹备组。

2008 年

5月11日 中国商飞公司在上海成立。

5月12日 温家宝在《人民日报》发表题为《让中国的大飞机翱翔蓝天》的署名文章,强调指出：让中国的大飞机飞上蓝天,既是国家的意志,也是全国人民的意志。

7月3日 中国商飞公司在上海召开大型客机项目论证动员大会。

2009 年

1月6日 中国商飞公司发布首个单通道常规布局 150 座级大型客机机型代号"COMAC919",简称"C919"。

9月8日	亚洲国际航空展览会暨论坛在香港开幕，C919 大型客机模型首次展出。
12月16日	C919 大型客机基本总体技术方案通过工业和信息化部组织的专家评审。
12月21日	中国商飞公司选定 CFM 公司研发的 LEAP-1C 发动机作为 C919 大型客机唯一国外启动动力装置。
12月25日	C919 大型客机机头工程样机主体结构在上海正式交付。

2010 年

| 11月15日 | C919 大型客机 1:1 展示样机在珠海航展上首次展出，获得 100 架启动订单。 |
| 12月24日 | 中国民用航空局正式受理 C919 大型客机型号合格证申请。 |

2011 年

4月18日	C919 大型客机首次型号合格审定委员会会议在上海召开，C919 大型客机研制全面进入正式适航审查阶段。
12月9日	C919 大型客机项目通过国家级初步设计评审，转入详细设计阶段。
12月19日	C919 大型客机项目首个零件——前登机门横梁在成都开工，机体制造全面铺开。

2012 年

| 7月31日 | 《C919 大型客机专项合格审定计划（PSCP）》在上海签署。 |
| 12月4日 | C919 大型客机七大部件之一的复合材料后机身部段强度研究静力疲劳试验项目全部完成。 |

2013 年

| 1月18日 | C919 大型客机中央翼结构关键设计通过评审。 |
| 1月19日 | C919 大型客机 IPS 吊挂样段静力试验侧向 4.2g 载荷工况试验顺利完成。 |

11 月 28 日　　C919 大型客机飞行试验平台（FTB）吊挂试验件在沈飞下线。

12 月 30 日　　C919 大型客机铁鸟试验台正式投入使用。

12 月 31 日　　C919 大型客机项目首架机头在成飞民机下线。

2014 年

5 月 15 日　　C919 大型客机首架机前机身部段在洪都下线。

7 月　　　　　C919 大型客机首架机中央翼在西飞完成总装。

7 月 23 日　　C919 大型客机首架机平尾部件装配正式开工。

8 月 21 日　　C919 大型客机首架机中后机身部段在洪都下线。

8 月 29 日　　C919 大型客机中机身／中央翼、副翼部段通过适航审定。

9 月　　　　　C919 大型客机轮胎爆破危害程度测试试验顺利完成。

9 月 23 日　　C919 大型客机通信导航监视系统（CNS 系统）试验件及测试平台
　　　　　　　在上海交付。

10 月 30 日　　C919 大型客机首架机后机身前段在沈飞民机交付。

11 月 24 日　　C919 大型客机首架机机翼抵达中国商飞总装制造中心浦东基地。

2015 年

2 月　　　　　C919 大型客机航电综合试验台交付并正式开试。

2 月 8 日　　C919 大型客机项目通过国家级详细设计评审。

2 月 11 日　　C919 大型客机首架机后机身后段由中国航天科工三院航天海鹰
　　　　　　　（镇江）特种材料有限公司交付中国商飞公司。

3 月 6 日　　工信部在北京召开 C919 大型客机转入全面试制阶段审定会议，
　　　　　　　C919 大型客机项目由详细设计阶段转入全面试制阶段。

4 月 18 日　　C919 大型客机首架机舱门运抵中国商飞总装制造中心浦东基地。

7 月 22 日　　首台 LEAP-1C 发动机交付。

9 月 19 日　　C919 大型客机首架机开始机体对接工作。

11 月 2 日　　C919 大型客机首架机在浦东基地总装下线。

2016 年

4 月 11 日　　C919 大型客机全机静力试验正式启动。

8 月 14 日　　C919 大型客机首架机成功实现通电。

11 月 9 日　　C919 大型客机发动机点火成功。

12 月 25 日　　C919 大型客机首架机交付中国商飞试飞中心。

2017 年

2 月 28 日　　C919 大型客机 10101 架机在浦东机场开展预滑行试验。

4 月 18 日　　C919 大型客机通过放飞评审。

4 月 22 日　　C919 大型客机 10101 架机完成高速滑行抬前轮试验。

5 月 5 日　　C919 大型客机 10101 架机在上海浦东机场完成首飞。

11 月 10 日　　C919 大型客机 10101 架机转场西安阎良，完成首次城际飞行。

12 月 17 日　　C919 大型客机 10102 架机在上海浦东机场完成首飞。